U0304266

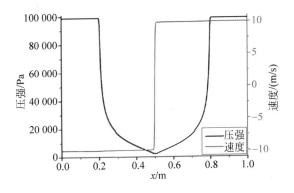

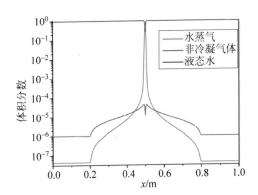

图 2.8　膨胀空化问题数值结果

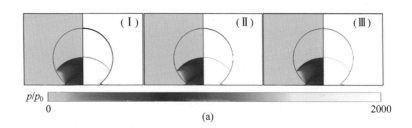

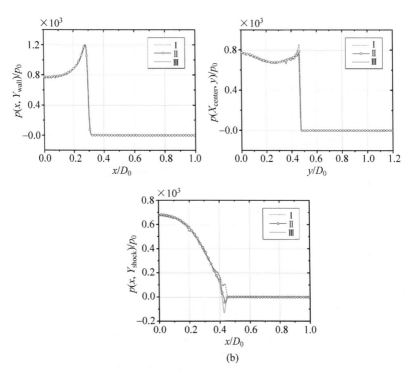

图 3.2　三种不同网格尺度下相同时刻($t/(D_0/c_1)=0.5$)的数值结果对比

(a) 压力云图与密度纹影图；(b) 压力分布曲线图

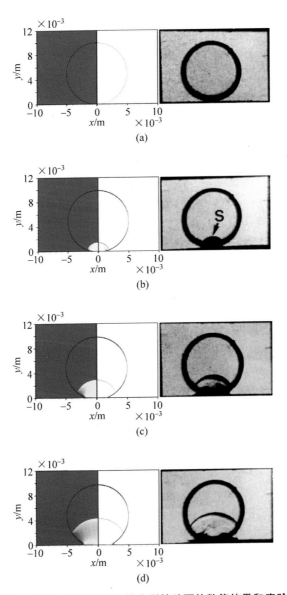

图 3.3　液柱以初始速度 110 m/s 撞击刚性壁面的数值结果和实验纹影结果

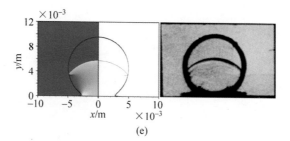

(e)

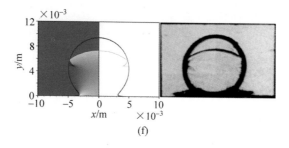

(f)

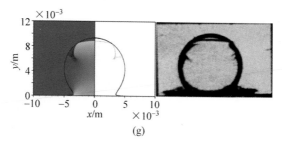

(g)

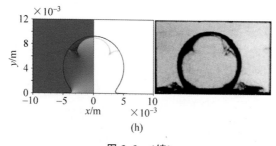

(h)

图 3.3 （续）

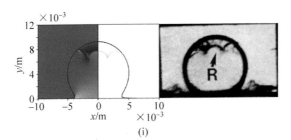

(i)

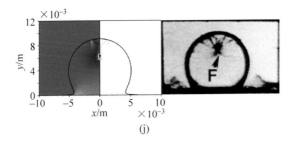

(j)

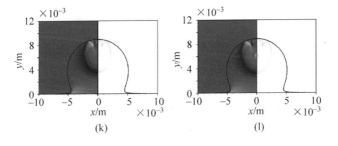

(k)   (l)

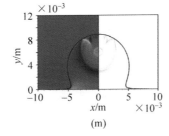

(m)

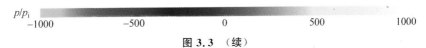

图 3.3 （续）

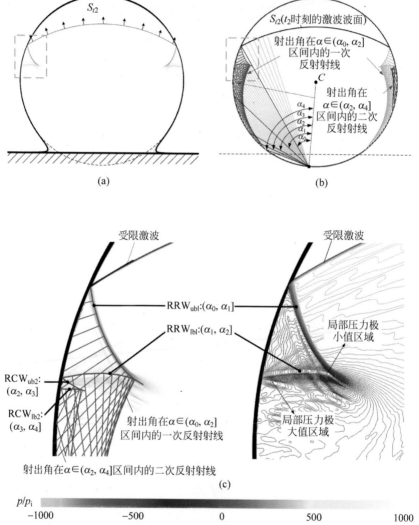

图 3.6　液滴以 110 m/s 的速度撞击壁面过程中，在 $t^* = 0.81(t_2)$ 时刻（第二阶段）数值计算结果与射线分析示意图

（a）数值密度纹影图；（b）射线分析示意图；（c）图 3.6(a)与(b)中虚线方框处的局部放大图

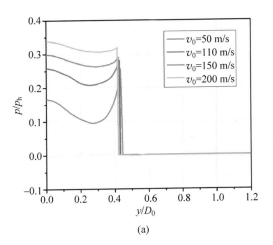

(a)

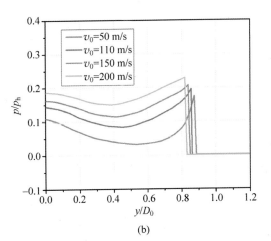

(b)

图 3.11　不同初始速度下 y 轴的压力分布曲线

（a）$t^* = 0.45$；（b）$t^* = 0.9$

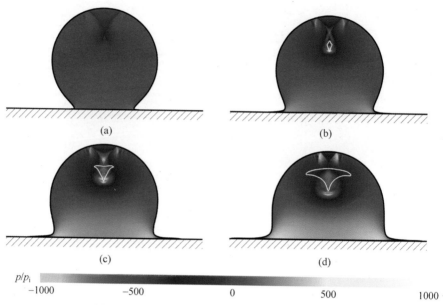

图 3.12 一次反射稀疏波汇聚时刻的压力云图

（a）$v_0 = 50$ m/s，$t^* = 1.275$；（b）$v_0 = 110$ m/s，$t^* = 1.305$；（c）$v_0 = 150$ m/s，$t^* = 1.305$；

（d）$v_0 = 200$ m/s，$t^* = 1.335$

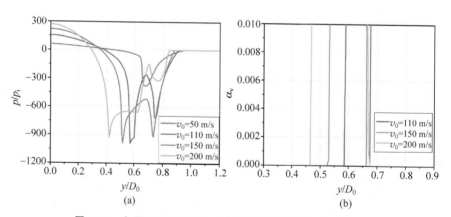

图 3.13 与图 3.12 对应的一次反射稀疏波汇聚时刻的曲线

（a）y 轴的压力分布曲线；（b）y 轴的水蒸气体积分数分布曲线

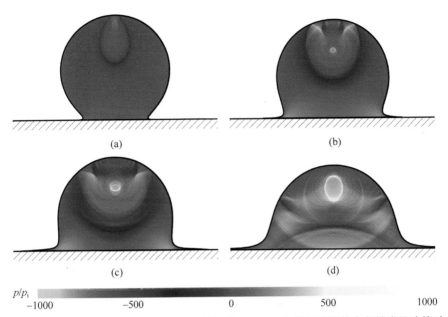

图 3.14　不同工况的空化泡完全溃灭时刻（或 re-RRW 向靠近壁面的方向扩张运动的时
　　　　刻）的压力云图

(a) $v_0=50$ m/s, $t^*=1.425$；(b) $v_0=110$ m/s, $t^*=1.545$；(c) $v_0=150$ m/s, $t^*=1.650$；

(d) $v_0=200$ m/s, $t^*=1.980$

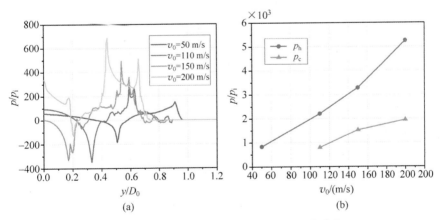

图 3.15　与图 3.14 相对应时刻物理量分布曲线

(a) y 轴的无量纲压力 p/p_i 分布曲线；(b) 水锤压力值 p_h 和空泡溃灭引起的峰值压力 p_c 分布曲线

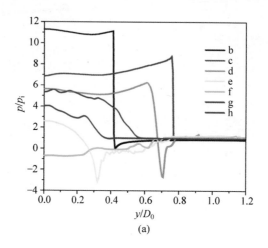

(a)

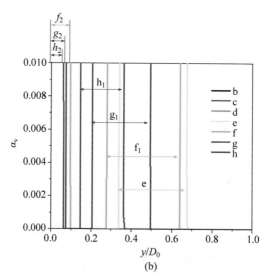

(b)

图 3.18　不同时刻垂直中心线上的物理量分布曲线

（a）无量纲压力 p/p_i 分布曲线；（b）C_4F_{10} 蒸气体积分数 α_v 分布曲线

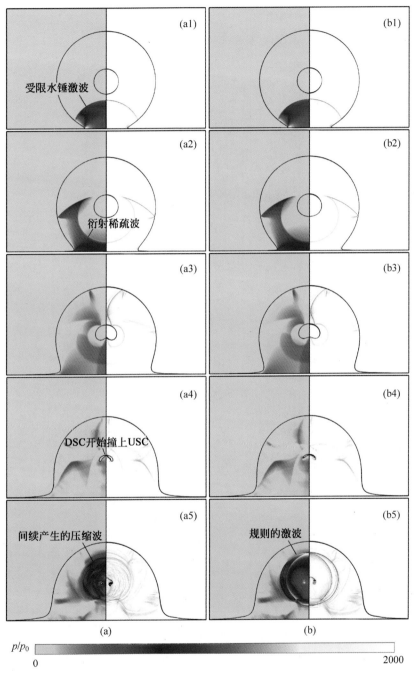

图 4.2　空心液柱以 150 m/s 的速度撞壁的演化过程的数值结果

（a）含空气泡液滴；（b）含蒸气泡液滴

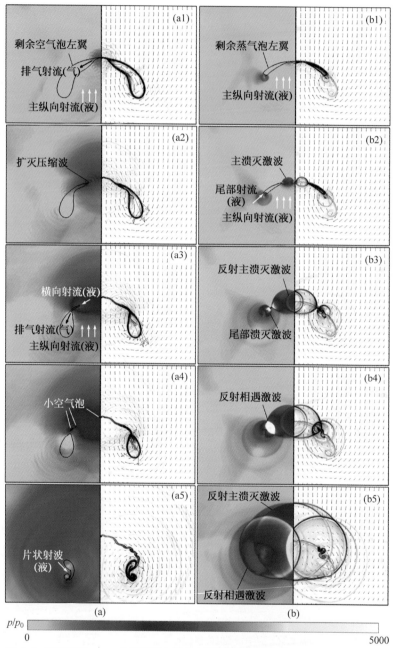

图 4.6　溃灭时刻 $t_{collapse}$ 之后液滴内剩余空泡的演化过程的数值结果的局部放大图

(a) 含空气泡工况；(b) 含蒸气泡液工况

每幅图的宽度为 $0.2R_0$

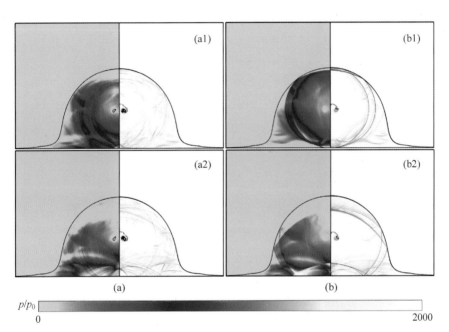

p/p_0　0　　　　　　　　　　　　　　　　　　2000

图 4.8　液滴内溃灭波的演化过程的数值结果

（a）初始含空气泡液滴；（b）初始含蒸气泡液滴

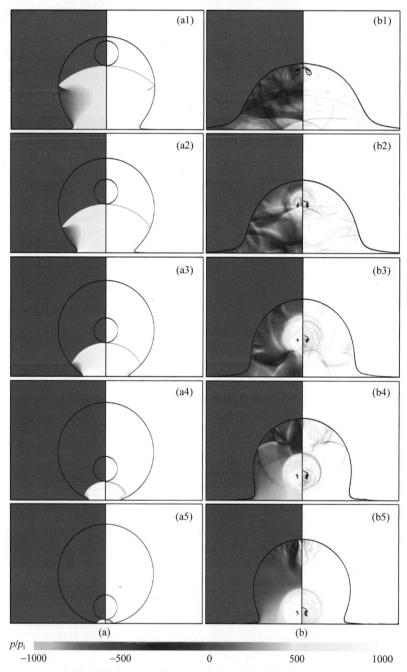

p/p_i

−1000   −500   0   500   1000

图 4.13　含不同初始位置空气泡的空心液滴以 150 m/s 的速度撞击壁面的数值结果

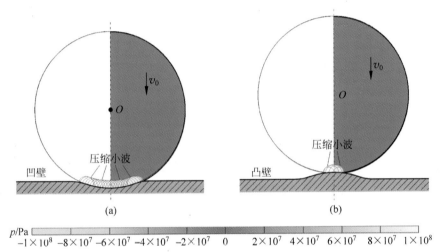

图 5.4 初始速度为 **150 m/s** 的液滴撞击曲壁后 **0.17 μs** 时刻的压力云图数值结果（右半侧）和相应的小波分析示意图（左半侧）

（a）凹壁工况；（b）凸壁工况

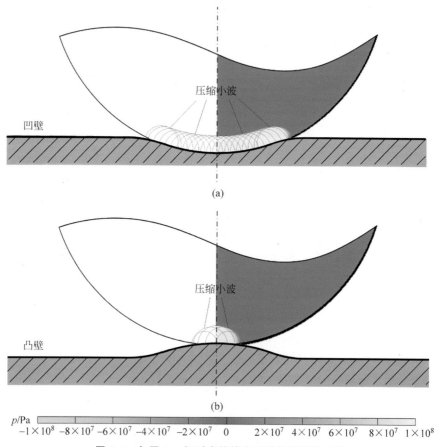

图 5.5　与图 5.4 相对应的撞击区域的局部放大图

(a) 凹壁工况；(b) 凸壁工况

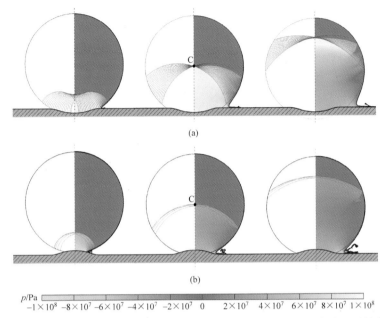

p/Pa -1×10^8 -8×10^7 -6×10^7 -4×10^7 -2×10^7 0 2×10^7 4×10^7 6×10^7 8×10^7 1×10^8

图 5.7   液滴以初始速度 150 m/s 撞击曲壁过程中受限水锤激脱离壁面后的压力云图数值结果(右半侧)和相应的小波分析示意图(左半侧)

（a）凹壁工况,对应时间序列为 0.63 μs,1.5 μs 和 2.5 μs;

（b）凸壁工况,对应时间序列为 0.64 μs,1.6 μs 和 2.6 μs

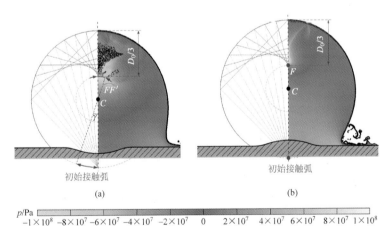

p/Pa -1×10^8 -8×10^7 -6×10^7 -4×10^7 -2×10^7 0 2×10^7 4×10^7 6×10^7 8×10^7 1×10^8

图 5.8   初始速度为 150 m/s 的液滴撞击曲壁过程中一次反射稀疏波汇聚时刻的压力云图数值结果(右半侧)和液滴的初始下极点发射的射线分析示意图(左半侧)

（a）凹壁工况;（b）凸壁工况

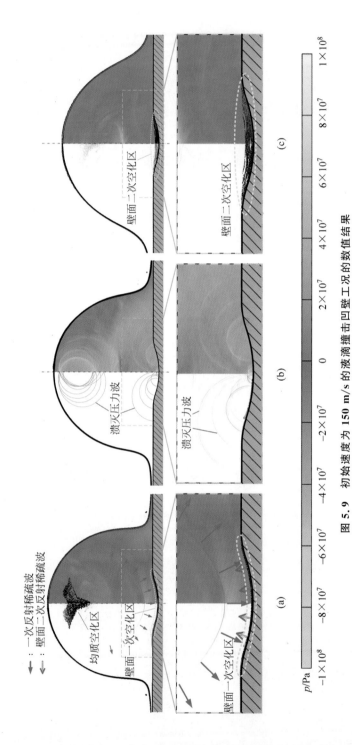

图 5.9 初始速度为 150 m/s 的液滴撞击凹壁工况的数值结果

(a) 壁面一次空化产生时刻；(b) 壁面一次空化溃灭时刻；(c) 壁面二次空化产生时刻

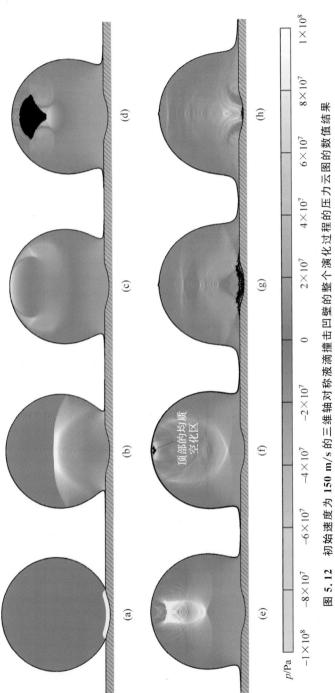

图 5.12 初始速度为 150 m/s 的三维轴对称液滴撞击凹壁的整个演化过程的压力云图的数值结果

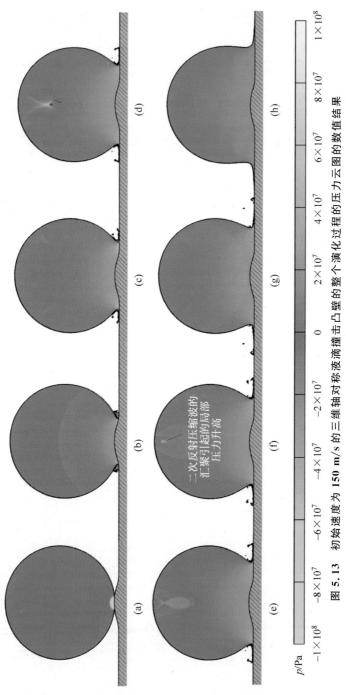

二次反射压缩波的汇聚引起的局部压力升高

p/Pa

-1×10^8 -8×10^7 -6×10^7 -4×10^7 -2×10^7 0 2×10^7 4×10^7 6×10^7 8×10^7 1×10^8

图 5.13　初始速度为 150 m/s 的三维轴对称液滴撞击凸壁的整个演化过程的压力云图图的数值结果

清华大学优秀博士学位论文丛书

高速撞壁液滴内在瞬变特征及其规律的数值研究

吴汪霞（Wu Wangxia）著

Numerical Study for Transient Characteristics
and Physical Mechanisms in High-Speed Impinging Droplets

清华大学出版社
北　京

内 容 简 介

高速液滴撞击固体壁面广泛存在于工业生产和工程应用中,撞击过程涉及各种波系结构时空演变和流体相态瞬变等复杂物理现象,引起了国内外学术界和工业界的广泛关注。本书基于欧拉-欧拉框架下的多组分可压缩多相流体控制方程并耦合流体快速相变模型,实现了高速液滴撞击固体壁面问题的多相流体动力学系统的数值求解,详细、深入地分析了波系时空演化规律与诱发空化产生及溃灭过程的物理机制。

本书可供流体力学尤其是可压缩两相流领域相关专业人员阅读使用。

图书在版编目(CIP)数据

高速撞壁液滴内在瞬变特征及其规律的数值研究/吴汪霞著.—北京:清华大学出版社,2022.3
(清华大学优秀博士学位论文丛书)
ISBN 978-7-302-60070-1

Ⅰ.①高⋯　Ⅱ.①吴⋯　Ⅲ.①可压缩流体—流体力学　Ⅳ.①O354

中国版本图书馆 CIP 数据核字(2022)第 023932 号

责任编辑:戚　亚
封面设计:傅瑞学
责任校对:赵丽敏
责任印制:丛怀宇

出版发行:清华大学出版社
　　　　网　　　址:http://www.tup.com.cn,http://www.wqbook.com
　　　　地　　　址:北京清华大学学研大厦 A 座　　　邮　　编:100084
　　　　社 总 机:010-83470000　　　　　　　　邮　　购:010-62786544
　　　　投稿与读者服务:010-62776969,c-service@tup.tsinghua.edu.cn
　　　　质量反馈:010-62772015,zhiliang@tup.tsinghua.edu.cn
印 装 者:三河市东方印刷有限公司
经　　销:全国新华书店
开　　本:155mm×235mm　　印　张:11　　插页:10　　字　　数:204 千字
版　　次:2022 年 4 月第 1 版　　　　　　　　　　印　　次:2022 年 4 月第 1 次印刷
定　　价:89.00 元

产品编号:089501-01

一流博士生教育
体现一流大学人才培养的高度（代丛书序）①

　　人才培养是大学的根本任务。只有培养出一流人才的高校，才能够成为世界一流大学。本科教育是培养一流人才最重要的基础，是一流大学的底色，体现了学校的传统和特色。博士生教育是学历教育的最高层次，体现出一所大学人才培养的高度，代表着一个国家的人才培养水平。清华大学正在全面推进综合改革，深化教育教学改革，探索建立完善的博士生选拔培养机制，不断提升博士生培养质量。

学术精神的培养是博士生教育的根本

　　学术精神是大学精神的重要组成部分，是学者与学术群体在学术活动中坚守的价值准则。大学对学术精神的追求，反映了一所大学对学术的重视、对真理的热爱和对功利性目标的摒弃。博士生教育要培养有志于追求学术的人，其根本在于学术精神的培养。

　　无论古今中外，博士这一称号都和学问、学术紧密联系在一起，和知识探索密切相关。我国的博士一词起源于2000多年前的战国时期，是一种学官名。博士任职者负责保管文献档案、编撰著述，须知识渊博并负有传授学问的职责。东汉学者应劭在《汉官仪》中写道："博者，通博古今；士者，辩于然否。"后来，人们逐渐把精通某种职业的专门人才称为博士。博士作为一种学位，最早产生于12世纪，最初它是加入教师行会的一种资格证书。19世纪初，德国柏林大学成立，其哲学院取代了以往神学院在大学中的地位，在大学发展的历史上首次产生了由哲学院授予的哲学博士学位，并赋予了哲学博士深层次的教育内涵，即推崇学术自由、创造新知识。哲学博士的设立标志着现代博士生教育的开端，博士则被定义为独立从事学术研究、具备创造新知识能力的人，是学术精神的传承者和光大者。

————————

　　①　本文首发于《光明日报》，2017年12月5日。

博士生学习期间是培养学术精神最重要的阶段。博士生需要接受严谨的学术训练，开展深入的学术研究，并通过发表学术论文、参与学术活动及博士论文答辩等环节，证明自身的学术能力。更重要的是，博士生要培养学术志趣，把对学术的热爱融入生命之中，把捍卫真理作为毕生的追求。博士生更要学会如何面对干扰和诱惑，远离功利，保持安静、从容的心态。学术精神，特别是其中所蕴含的科学理性精神、学术奉献精神，不仅对博士生未来的学术事业至关重要，对博士生一生的发展都大有裨益。

独创性和批判性思维是博士生最重要的素质

博士生需要具备很多素质，包括逻辑推理、言语表达、沟通协作等，但是最重要的素质是独创性和批判性思维。

学术重视传承，但更看重突破和创新。博士生作为学术事业的后备力量，要立志于追求独创性。独创意味着独立和创造，没有独立精神，往往很难产生创造性的成果。1929年6月3日，在清华大学国学院导师王国维逝世二周年之际，国学院师生为纪念这位杰出的学者，募款修造"海宁王静安先生纪念碑"，同为国学院导师的陈寅恪先生撰写了碑铭，其中写道："先生之著述，或有时而不章；先生之学说，或有时而可商；惟此独立之精神，自由之思想，历千万祀，与天壤而同久，共三光而永光。"这是对于一位学者的极高评价。中国著名的史学家、文学家司马迁所讲的"究天人之际，通古今之变，成一家之言"也是强调要在古今贯通中形成自己独立的见解，并努力达到新的高度。博士生应该以"独立之精神、自由之思想"来要求自己，不断创造新的学术成果。

诺贝尔物理学奖获得者杨振宁先生曾在20世纪80年代初对到访纽约州立大学石溪分校的90多名中国学生、学者提出："独创性是科学工作者最重要的素质。"杨先生主张做研究的人一定要有独创的精神、独到的见解和独立研究的能力。在科技如此发达的今天，学术上的独创性变得越来越难，也愈加珍贵和重要。博士生要树立敢为天下先的志向，在独创性上下功夫，勇于挑战最前沿的科学问题。

批判性思维是一种遵循逻辑规则、不断质疑和反省的思维方式，具有批判性思维的人勇于挑战自己，敢于挑战权威。批判性思维的缺乏往往被认为是中国学生特有的弱项，也是我们在博士生培养方面存在的一个普遍问题。2001年，美国卡内基基金会开展了一项"卡内基博士生教育创新计划"，针对博士生教育进行调研，并发布了研究报告。该报告指出：在美国和欧洲，培养学生保持批判而质疑的眼光看待自己、同行和导师的观点同样非常不容易，批判性思维的培养必须成为博士生培养项目的组成部分。

对于博士生而言，批判性思维的养成要从如何面对权威开始。为了鼓励学生质疑学术权威、挑战现有学术范式，培养学生的挑战精神和创新能力，清华大学在 2013 年发起"巅峰对话"，由学生自主邀请各学科领域具有国际影响力的学术大师与清华学生同台对话。该活动迄今已经举办了 21 期，先后邀请 17 位诺贝尔奖、3 位图灵奖、1 位菲尔兹奖获得者参与对话。诺贝尔化学奖得主巴里·夏普莱斯（Barry Sharpless）在 2013 年 11 月来清华参加"巅峰对话"时，对于清华学生的质疑精神印象深刻。他在接受媒体采访时谈道："清华的学生无所畏惧，请原谅我的措辞，但他们真的很有胆量。"这是我听到的对清华学生的最高评价，博士生就应该具备这样的勇气和能力。培养批判性思维更难的一层是要有勇气不断否定自己，有一种不断超越自己的精神。爱因斯坦说："在真理的认识方面，任何以权威自居的人，必将在上帝的嬉笑中垮台。"这句名言应该成为每一位从事学术研究的博士生的箴言。

提高博士生培养质量有赖于构建全方位的博士生教育体系

一流的博士生教育要有一流的教育理念，需要构建全方位的教育体系，把教育理念落实到博士生培养的各个环节中。

在博士生选拔方面，不能简单按考分录取，而是要侧重评价学术志趣和创新潜力。知识结构固然重要，但学术志趣和创新潜力更关键，考分不能完全反映学生的学术潜质。清华大学在经过多年试点探索的基础上，于 2016 年开始全面实行博士生招生"申请-审核"制，从原来的按照考试分数招收博士生，转变为按科研创新能力、专业学术潜质招收，并给予院系、学科、导师更大的自主权。《清华大学"申请-审核"制实施办法》明晰了导师和院系在考核、遴选和推荐上的权力和职责，同时确定了规范的流程及监管要求。

在博士生指导教师资格确认方面，不能论资排辈，要更看重教师的学术活力及研究工作的前沿性。博士生教育质量的提升关键在于教师，要让更多、更优秀的教师参与到博士生教育中来。清华大学从 2009 年开始探索将博士生导师评定权下放到各学位评定分委员会，允许评聘一部分优秀副教授担任博士生导师。近年来，学校在推进教师人事制度改革过程中，明确教研系列助理教授可以独立指导博士生，让富有创造活力的青年教师指导优秀的青年学生，师生相互促进、共同成长。

　　在促进博士生交流方面，要努力突破学科领域的界限，注重搭建跨学科的平台。跨学科交流是激发博士生学术创造力的重要途径，博士生要努力提升在交叉学科领域开展科研工作的能力。清华大学于 2014 年创办了"微沙龙"平台，同学们可以通过微信平台随时发布学术话题，寻觅学术伙伴。3年来，博士生参与和发起"微沙龙"12 000 多场，参与博士生达 38 000 多人次。"微沙龙"促进了不同学科学生之间的思想碰撞，激发了同学们的学术志趣。清华于 2002 年创办了博士生论坛，论坛由同学自己组织，师生共同参与。博士生论坛持续举办了 500 期，开展了 18 000 多场学术报告，切实起到了师生互动、教学相长、学科交融、促进交流的作用。学校积极资助博士生到世界一流大学开展交流与合作研究，超过 60% 的博士生有海外访学经历。清华于 2011 年设立了发展中国家博士生项目，鼓励学生到发展中国家亲身体验和调研，在全球化背景下研究发展中国家的各类问题。

　　在博士学位评定方面，权力要进一步下放，学术判断应该由各领域的学者来负责。院系二级学术单位应该在评定博士论文水平上拥有更多的权力，也应担负更多的责任。清华大学从 2015 年开始把学位论文的评审职责授权给各学位评定分委员会，学位论文质量和学位评审过程主要由各学位分委员会进行把关，校学位委员会负责学位管理整体工作，负责制度建设和争议事项处理。

　　全面提高人才培养能力是建设世界一流大学的核心。博士生培养质量的提升是大学办学质量提升的重要标志。我们要高度重视、充分发挥博士生教育的战略性、引领性作用，面向世界、勇于进取，树立自信、保持特色，不断推动一流大学的人才培养迈向新的高度。

清华大学校长

2017 年 12 月 5 日

丛书序二

以学术型人才培养为主的博士生教育,肩负着培养具有国际竞争力的高层次学术创新人才的重任,是国家发展战略的重要组成部分,是清华大学人才培养的重中之重。

作为首批设立研究生院的高校,清华大学自 20 世纪 80 年代初开始,立足国家和社会需要,结合校内实际情况,不断推动博士生教育改革。为了提供适宜博士生成长的学术环境,我校一方面不断地营造浓厚的学术氛围,一方面大力推动培养模式创新探索。我校从多年前就已开始运行一系列博士生培养专项基金和特色项目,激励博士生潜心学术、锐意创新,拓宽博士生的国际视野,倡导跨学科研究与交流,不断提升博士生培养质量。

博士生是最具创造力的学术研究新生力量,思维活跃,求真求实。他们在导师的指导下进入本领域研究前沿,吸取本领域最新的研究成果,拓宽人类的认知边界,不断取得创新性成果。这套优秀博士学位论文丛书,不仅是我校博士生研究工作前沿成果的体现,也是我校博士生学术精神传承和光大的体现。

这套丛书的每一篇论文均来自学校新近每年评选的校级优秀博士学位论文。为了鼓励创新,激励优秀的博士生脱颖而出,同时激励导师悉心指导,我校评选校级优秀博士学位论文已有 20 多年。评选出的优秀博士学位论文代表了我校各学科最优秀的博士学位论文的水平。为了传播优秀的博士学位论文成果,更好地推动学术交流与学科建设,促进博士生未来发展和成长,清华大学研究生院与清华大学出版社合作出版这些优秀的博士学位论文。

感谢清华大学出版社,悉心地为每位作者提供专业、细致的写作和出版指导,使这些博士论文以专著方式呈现在读者面前,促进了这些最新的优秀研究成果的快速广泛传播。相信本套丛书的出版可以为国内外各相关领域或交叉领域的在读研究生和科研人员提供有益的参考,为相关学科领域的发展和优秀科研成果的转化起到积极的推动作用。

　　感谢丛书作者的导师们。这些优秀的博士学位论文,从选题、研究到成文,离不开导师的精心指导。我校优秀的师生导学传统,成就了一项项优秀的研究成果,成就了一大批青年学者,也成就了清华的学术研究。感谢导师们为每篇论文精心撰写序言,帮助读者更好地理解论文。

　　感谢丛书的作者们。他们优秀的学术成果,连同鲜活的思想、创新的精神、严谨的学风,都为致力于学术研究的后来者树立了榜样。他们本着精益求精的精神,对论文进行了细致的修改完善,使之在具备科学性、前沿性的同时,更具系统性和可读性。

　　这套丛书涵盖清华众多学科,从论文的选题能够感受到作者们积极参与国家重大战略、社会发展问题、新兴产业创新等的研究热情,能够感受到作者们的国际视野和人文情怀。相信这些年轻作者们勇于承担学术创新重任的社会责任感能够感染和带动越来越多的博士生,将论文书写在祖国的大地上。

　　祝愿丛书的作者们、读者们和所有从事学术研究的同行们在未来的道路上坚持梦想,百折不挠! 在服务国家、奉献社会和造福人类的事业中不断创新,做新时代的引领者。

　　相信每一位读者在阅读这一本本学术著作的时候,在吸取学术创新成果、享受学术之美的同时,能够将其中所蕴含的科学理性精神和学术奉献精神传播和发扬出去。

清华大学研究生院院长

2018 年 1 月 5 日

导师序言

　　液滴高速撞击固体壁面问题在工业工程领域广泛存在，例如雨滴撞击高速飞行的航空器表面或高速旋转的航空发动机风扇叶片、汽轮机末级冷凝水液滴撞击高速旋转的叶片，以及内燃机高速喷射的燃料液滴撞击气缸内壁等。高速液滴撞击过程涉及液滴的运动学和动力学规律，耦合流体可压缩性、空化相变、复杂波系演化及其与壁面的几何效应，表现为复杂的流体力学行为，该行为的流体物理机理研究充满了挑战。①高速液滴撞击壁面过程中水锤激波的产生机制、分析方法，以及激波在液滴内部反射后各种复杂波系相互作用的物理规律，尚未得到全面系统的研究；②高速液滴撞击壁面过程中流体瞬变及其诱导空化机制，以及空泡溃灭规律尚未清晰阐释，与其相适应的可压缩两相流模型仍不完善；③不同类型的含空泡高速液滴和壁面构型对撞击液滴动力学规律的影响尚不明确。

　　高速液滴撞击壁面过程的时间尺度和空间尺度跨度大，物理现象复杂，实验研究难度大，通常仅能获得有限的特征数据，不足以揭示其内部的流体物理机理。高精度的数值求解模型、鲁棒算法，以及借助数值模拟的理性力学模型和分析方法给这一挑战性问题的研究带来了可能性。吴汪霞博士在欧拉-欧拉框架下，基于多组分可压缩多相流流动控制方程，耦合流体快速相变模型，实现了高速液滴撞击壁面过程的详细数值求解，对液滴、含空气泡液滴、含蒸气泡液滴高速冲击固体壁面过程中空泡和液滴的几何形态、水锤激波和空泡溃灭波的时空演化过程，以及波系与壁面几何效应（曲率）的耦合作用关系等开展了系统而深入的研究。该研究发展了包含均质与异质空化模型并适用于求解高速可压缩两相界面流动问题的高精度并行数值计算平台，实现了高速液滴撞击壁面问题的数值解析；给出了高速撞壁过程中液滴内部的复杂波系演化过程和水锤激波脱离临界参数，揭示了液滴内部空化初生与溃灭的物理机制，借助数值模拟过程认知和模拟数据解读，通过理论解析给出了空化核心的初生位置；通过研究不同条件（空化泡初始大小、位置、物性、壁面几何特性等）下的液滴撞壁过程，揭示了液滴中空化泡的溃灭机制,获得了高速撞击壁面条件下液滴的动力学复杂演化规律。

本专著的主要内容源于吴汪霞博士的学位论文,五年艰辛博士研究成果,今朝付梓,以飨读者,以励个人,这是对吴汪霞博士的肯定和诫勉。本专著的出版将为高速液滴两相流体动力学研究提供有益的参考。

王　兵

2021 年 5 月于

清华园

摘　要

　　高速液滴撞击固体壁面广泛存在于工业生产和工程应用中,撞击过程涉及各种波系结构时空演变和流体相态瞬变等复杂物理现象,引起了国内外学术界和工业界的广泛关注。本书采用欧拉-欧拉框架下的多组分可压缩多相流体控制方程并耦合流体快速相变模型,实现了高速液滴撞击固体壁面问题的多相流体动力学系统的数值求解,详细、深入地分析了波系时空演化规律与诱发空化产生及溃灭过程的物理机制。

　　首先,研究了高速液滴撞击水平壁面过程的动力学特性,对非定常波系结构(包括受限激波、多次反射波和溃灭激波等)进行了解析。高速液滴在撞击水平壁面时,液滴内会产生运动的曲面激波(水锤激波),该激波脱离固体壁面后会时时被弯曲的液滴表面反射,形成反射稀疏波,这些反射稀疏波汇聚在距离液滴上极点三分之一初始直径的位置。当液滴速度足够高,稀疏波的汇聚效应能够使局部流体状态达到触发均质空化的热力学条件时,液滴内发生相变空化。进一步研究发现,形成空化核心的位置与液滴初始撞击速度无关,但随着初始撞击速度的增加,空化核心区增大,空化溃灭过程产生的最大溃灭压力增大。相比水滴,高速撞击固体壁面的低沸点的 C_4F_{10} 液滴内部更容易产生大范围空化甚至多个空化区。

　　进一步,本书对含空气泡或蒸气泡两种空心液滴的高速撞击固体水平壁面过程进行了数值模拟,分析了空泡和液滴的几何形态、水锤激波的时空演化、空泡溃灭产生的溃灭波结构和固体壁面压力等特性。受水锤激波作用,空气泡被刺穿,呈现非对称溃灭;而蒸气泡主要为冷凝坍缩溃灭。研究发现,液滴中蒸气泡溃灭过程产生的溃灭波强度、最大压力值、壁面受力均大于空气泡的情形;增加初始撞击速度、在一定程度上增大初始空泡体积比、缩短空泡与壁面的距离,都可以提高空泡溃灭剧烈程度。

　　本书还对高速液滴撞击凹/凸壁面的演化过程进行了研究。研究表明,由于同向曲率效应液滴撞击凹壁面时产生的水锤激波的强度更高,反射稀疏波的汇聚效应更强,液滴内部更容易发生空化,同时诱发了近壁空化;由于异向曲率效应,凸壁面使反射波发散,降低了近壁空化的程度,从而降低了近壁空化溃灭及其对固体壁面的冲击损伤。

关键词:高速液滴;撞击壁面;水锤激波;空化相变;可压缩多相流

Abstract

The high-speed impingement of droplets on solid walls occurs widely in industrial and engineering application. The impingement process involves various complex physical phenomena, such as unsteady wave structure evolution and transient phase change. In this study, the simplified multi-components compressible two-phase fluid model, coupled with the phase transition procedure, is employed to solve the two-phase hydrodynamics system for the high-speed droplet impaction on a solid wall. Based on the high-resolution numerical simulation, the high-speed droplet impingement under different configurations are investigated and analyzed, and the physical mechanisms regarding the droplet and cavity dynamics during the high-speed droplet impingement process are revealed in detail.

The morphology and dynamic characteristics of the high-speed droplet impingement process and the unsteady wave structures, including the confined water-hammer shock wave, multi-reflection waves and the collapsing waves, are analyzed qualitatively and quantitatively. It was found that a confined curved shock wave is generated when the high-speed droplets impact the wall and this shock wave is reflected by the curved droplet surface. Finally, a series of rarefaction waves converge at a position at a distance of one-third the droplet diameter away from the top pole due to the curved surface reflection. This converging zone is identified as the cavity because the local liquid state satisfies the condition for the inception of cavitation. The converging position, where the cavitation core is located, is independent of the initial impaction speed. However, the cavity zone is enlarged as the impaction speed increases. The maximum collapsing pressure of the cavities increases nonlinearly with an increase in the initial impaction speed. A perfluorocarbon (C_4F_{10}) droplet is also investigated for the impinging process. The maximum impaction pressure is decreased and multiple cavitation zones are generated inside the low boiling-point C_4F_{10} droplet compared to the water droplet.

With air or vapour cavity embedded in the droplet, the impingement of two kinds of hollow cylindrical droplets are simulated to investigate the morphology and physical mechanisms, regarding droplet and cavity dynamics. The results detail the evolution of droplets and collapsing dynamics of two kinds of cavities. For the case of air cavity, the transmitted shock wave is formed and propagates inside the cavity. The air cavities are compressively deformed and broken into a series of small cavities. As for the vapour cavity in the saturated state initially, once it is impacted by the impinging shock wave, the vapour cavity undergoes continuous condensation and collapse with repeated interface fusion. The maximum local pressures in the entire fluids and the mean pressure on the wall during the collapsing of vapour cavities are larger than those of the air cavities. The results also show that the cavity collapsing intensity increases with the initial size of the cavity, initial impinging speed and shortening the initial distance between the cavity and the wall.

The evolution process of the high-speed droplet impingement on both concave and convex walls are also investigated to reveal the damage mechanism during this process. The numerical results show that the confined water-hammer shock wave can generate in the impacted droplets for both two cases; the strength is higher and the critical detaching instant is later for the case of the droplet impingement on the concave wall under the same initial impinging speed. The homogenous cavities can be observed more easily in the droplet impacted by the concave wall, because of the intensified convergence of reflection rarefaction waves. Due to the synclastic curvature at the concave surface, the concave wall intensifies the convergence of waves while the convex one decentralize the re-reflection waves, and thus the concave shape wall reduces the degree of wall cavity. It also concludes that the convex wall configuration can effectively avoid wall damage from the collapse of the wall cavities along the high-speed droplet impingement.

Key words: high-speed droplet; impinging the rigid wall; confined water-hammer shock wave; cavitation evolution process; multi-phase compressible flow

主要符号对照表

英文字母

D	直径
R	半径
c	声速
v	速度
v_s	激波速度
V	体积
p	压力
p_h	水锤压力
$p_{homogenous}$	均质空化压力
$p_{heterogenous}$	异质空化压力
T	温度
g	吉布斯自由能
E	总能
e	内能
c_V	比定容热容
h	焓
$\dot{S}$	相变源项

无量纲数

Re	雷诺数
We	韦伯数
Fr	弗劳德数
Oh	欧尼索数
Bo	邦德数

希腊字母

γ	比热比
μ	动力黏性系数

ρ	密度
σ	动力黏性系数
α	体积分数
ξ	接触角
θ	固体壁面与液滴的夹角
μ	化学势
λ	特征值
τ	特征时间
δ	坐标因子

下标

0	初始时刻
l	液相组分
g	气相组分
sat	饱和状态
max	最大值
min	最小值

缩写

SG-EOS	刚性气体状态方程(stiffened gas equation of state)
WENO	加权基本无振荡重构算法(weighted essentially non-oscilatiory)
WENO-IS	变模板点加权基本无振荡重构算法(incremental-stencil weighted essentially non-oscilatiory)
HLLC	考虑接触间断的黎曼求解器(Harten-Lax-van Leer contact)

目　录

第1章　引言 …………………………………………………………………………… 1

1.1　研究背景和意义 ………………………………………………………………… 1

1.2　液滴与壁面作用过程的研究综述 …………………………………………… 2

    1.2.1　液滴撞击固体壁面的模态研究总结 ………………………………… 3

    1.2.2　液滴撞击固体壁面的动力学过程研究 ……………………………… 6

    1.2.3　液滴高速撞壁问题的研究进展 ……………………………………… 8

    1.2.4　小结 ………………………………………………………………… 11

1.3　高速液滴撞击壁面过程的流动现象及其物理解释 ……………………… 12

    1.3.1　水锤激波 ………………………………………………………… 12

    1.3.2　复杂波系演化 …………………………………………………… 13

    1.3.3　液滴内的空化 …………………………………………………… 15

    1.3.4　壁面侵蚀与损伤 ………………………………………………… 16

    1.3.5　壁面几何效应 …………………………………………………… 17

1.4　相变与空化模型 ……………………………………………………………… 18

    1.4.1　相变模型 ………………………………………………………… 18

    1.4.2　空化模型 ………………………………………………………… 21

1.5　本书研究目的和内容 ………………………………………………………… 23

第2章　数值模型与方法 ………………………………………………………… 25

2.1　可压缩两相流控制方程和数值方法 ……………………………………… 25

    2.1.1　控制方程 ………………………………………………………… 25

    2.1.2　模型的数学性质 ………………………………………………… 27

    2.1.3　控制方程的离散与求解方法 ………………………………… 28

2.2　物性参数的计算 ……………………………………………………………… 33

2.3　空化相变模型 ………………………………………………………………… 34

    2.3.1　均质/异质成核空化模型 ……………………………………… 34

2.3.2 相变过程的数值求解 ……………………… 36
2.4 数值方法的验证 …………………………………… 40
  2.4.1 单相激波管问题 ……………………………… 40
  2.4.2 两相激波管问题 ……………………………… 41
  2.4.3 膨胀空化问题 ………………………………… 43
  2.4.4 二维空泡瑞利溃灭问题 ……………………… 44
2.5 本章结论 …………………………………………… 46

第3章 高速液滴撞击刚性水平壁面 …………………… 47
3.1 物理模型 …………………………………………… 47
3.2 数值结果验证 ……………………………………… 48
  3.2.1 网格敏感性分析 ……………………………… 48
  3.2.2 实验比照 ……………………………………… 50
3.3 液滴内部流场与波系演化规律 …………………… 54
  3.3.1 第一阶段——水锤激波的产生和脱离 ……… 55
  3.3.2 第二阶段——激波的运动与反射 …………… 57
  3.3.3 第三阶段——反射波的汇聚与空化泡产生 … 61
  3.3.4 第四阶段——空化泡溃灭 …………………… 64
3.4 初始速度的影响 …………………………………… 66
  3.4.1 撞壁液滴的几何特性 ………………………… 66
  3.4.2 空化泡尺度 …………………………………… 69
  3.4.3 溃灭激波强度 ………………………………… 70
3.5 流体物性的影响 …………………………………… 72
  3.5.1 物性参数拟合 ………………………………… 72
  3.5.2 结果分析与讨论 ……………………………… 73
3.6 本章结论 …………………………………………… 78

第4章 含空化泡液滴高速撞击刚性水平壁面 ………… 80
4.1 物理模型 …………………………………………… 80
4.2 含空气泡/蒸气泡液滴高速撞壁过程对比分析 …… 81
  4.2.1 动力学过程的整体分析 ……………………… 83
  4.2.2 空泡的变形与溃灭机制 ……………………… 88
  4.2.3 水平壁面受力分析 …………………………… 94

4.3　空泡尺寸与液滴初始速度的影响 ················· 95

　　4.3.1　空泡溃灭时间 ·························· 96

　　4.3.2　溃灭峰值压力 ·························· 98

　　4.3.3　壁面受力分析 ·························· 99

4.4　空泡位置的影响 ·························· 101

4.5　本章结论 ····························· 104

第5章　液滴高速撞击曲形固体壁面··············· 106

5.1　物理模型 ····························· 106

5.2　撞击液滴中受限水锤激波的演化规律 ············· 107

　　5.2.1　受限水锤激波的产生 ···················· 107

　　5.2.2　水锤激波与壁面的脱离 ·················· 110

　　5.2.3　水锤激波的运动及其形态演化 ············· 114

5.3　空化及其演化规律 ······················ 114

　　5.3.1　液滴内部的均质空化 ·················· 115

　　5.3.2　壁面附近的异质空化 ·················· 116

5.4　壁面受力规律 ························· 120

5.5　三维效应讨论 ························· 121

5.6　本章结论 ··························· 125

第6章　全书总结与展望················· 127

6.1　全书总结 ························· 127

6.2　研究展望 ························· 128

参考文献 ······························· 129

在学期间发表的学术论文与研究成果 ················ 146

致谢 ································· 147

Contents

Chapter 1 Introduction ·· 1

1. 1 Background & Motivation ·································· 1

1. 2 Literature Review of Droplet Impingement Problem ··········· 2

    1. 2. 1 Different Outcomes of Droplet Impingement ··········· 3

    1. 2. 2 Kinetic Processes of Droplet Impingement ·············· 6

    1. 2. 3 Research Progress of High-Speed Droplet
Impingement ··· 8

    1. 2. 4 Literature Summary ······························ 11

1. 3 Flow Mechanics Study of High-Speed Droplet Impingement ······ 12

    1. 3. 1 Water-Hammer Shock Wave ····················· 12

    1. 3. 2 Evolution of Complex Wave System ·············· 13

    1. 3. 3 Cavitation Phenomena in the Droplet ················ 15

    1. 3. 4 Erosion of the Impinging Wall ···················· 16

    1. 3. 5 Surface Geometric Effect ························· 17

1. 4 Research of Phase Transition & Cavitation Model ············ 18

    1. 4. 1 Phase Transition Model ························· 18

    1. 4. 2 Cavitation Model ····························· 21

1. 5 Research Purpose ····································· 23

Chapter2 Mathematical Model & Computational Methodology ········ 25

2. 1 Two-phase Compressible Model ························· 25

    2. 1. 1 Governing Equations ·························· 25

    2. 1. 2 Mathematical Properties of the Model ·············· 27

    2. 1. 3 Discretization of the Governing Equation ············· 28

2. 2 Physical Parameters Calculation ······················ 33

2.3　Cavitation & Phase Transition Model ························· 34

　　2.3.1　Homogeneous/Heterogeneous Nucleation Cavitation
　　　　　　Model ··· 34

　　2.3.2　Numerical Simulation of Phase Transition Process ··· 36

2.4　Numerical Validation ·· 40

　　2.4.1　Sod Problem ·· 40

　　2.4.2　Two-Phase Shock Tube Problem ························· 41

　　2.4.3　Real Cavitation ·· 43

　　2.4.4　Spherical Bubble Collapse ···························· 44

2.5　Chapter Summary ··· 46

Chapter 3　High-speed Droplet Impingement on the Rigid Flat Wall ········ 47

3.1　Physical Model ·· 47

3.2　Validation of Numerical Results ····························· 48

　　3.2.1　Grid Sensitivity Analysis ···························· 48

　　3.2.2　Comparison With Experimental Results ················· 50

3.3　Transient Characteristics Inside the Impinging Droplet ········ 54

　　3.3.1　The First Stage—Generation and Detachment of
　　　　　　Shock Wave ·· 55

　　3.3.2　The Second Stage—Propagation and Reflection of
　　　　　　Shock Wave ·· 57

　　3.3.3　The Third Stage—Wave Convergion and Cavitiation
　　　　　　Generation ·· 61

　　3.3.4　The Fouth Stage—Cavitation Collapse ················· 64

3.4　Influence of Initial Velocity ································· 66

　　3.4.1　Geometric Properties of Droplets ····················· 66

　　3.4.2　Size of the Cavitation Zone ·························· 69

　　3.4.3　Intensity of Collapse Waves ························· 70

3.5　Influence of Fluid's Physical Properties ····················· 72

　　3.5.1　Physical Parameter Fitting ··························· 72

　　3.5.2　Results Analysis and Discussion ····················· 73

3. 6   Chapter Summary ·· 78

Chaper 4   High-speed Impingement of Droplet Embedded With Cavity ······ 80

4. 1   Physical Model ·· 80

4. 2   Results Comparison of Droplets Embedded With Different
       Cavities ·· 81

4. 2. 1   Analysis of the Whole Dynamic Processes ············· 83

4. 2. 2   Deformation and Collapse Mechanism of Embeding
          Cavities ·· 88

4. 2. 3   Stress Bearing Analysis of Impinging Wall ··········· 94

4. 3   Influence of Cavity Size and Initial Velocity ················· 95

4. 3. 1   Collapse Time of Embeding Cavities ················· 96

4. 3. 2   Peak Collapse Pressure ······························· 98

4. 3. 3   Wall Stress Analysis ································· 99

4. 4   Influence of Cavity's Initial Position ······················· 101

4. 5   Chapter Summary ·· 104

Chapter 5   High-Speed Droplet Impingement on the Rigid Curved Wall ······ 106

5. 1   Physical Model ·· 106

5. 2   Analysis of Confined Shock Waves Under Different Curved
       Wall ··· 107

5. 2. 1   Generation of Shock Wave ··························· 107

5. 2. 2   Detachment of Shock Wave ························· 110

5. 2. 3   Waveform Evolution ································· 114

5. 3   Cavitation Inside Droplet ······································ 114

5. 3. 1   Focusing Homogeneous Cavitation ················· 115

5. 3. 2   Near-Wall Heterogeneous Cavitation ··············· 116

5. 4   Stress Bearing Analysis of Different Curved Wall ··········· 120

5. 5   Discussion of Three Dimensional Effect ····················· 121

5. 6   Chapter Summary ·· 125

Chapter 6　Conclutions ·· 127

　6.1　Summary ··· 127

　6.2　Prospect ··· 128

References ··· 129

Published Academic Papers ····································· 146

Acknowledgements ·· 147

第1章 引　言

1.1　研究背景和意义

高速液滴撞击壁面问题在工业工程中广泛存在,例如雨滴撞击高速飞行的航空器表面或高速旋转的航空发动机风扇叶片、汽轮机末级冷凝水液滴撞击高速旋转的叶片,以及内燃机高速喷射的燃料液滴撞击气缸内壁等。

高速液滴与固体壁面的撞击严重威胁着设备的可靠性和耐久性。具体而言,汽轮机叶片的冷凝液滴冲击侵蚀会导致局部凹陷变形并产生裂纹或质量损失[1-11],改变气动优化后的叶片几何形状,进而明显干扰叶片轮廓周围的流体流动,液滴冲击侵蚀为涡轮机械可靠性的主要影响因素[12-14]。另外,热力发电厂中经常发生由于液滴撞击导致的冷却水管壁减薄甚至破裂的现象[15],尤其是弯管部分最易在液滴撞击下产生小孔。液滴撞击腐蚀程度已成为电站老化和寿命延长过程中结构完整性评估的重要依据[16-18]。因此,有必要对高速液滴撞击壁面过程的作用机制进行详细探究。

高速液滴与固体壁面作用时会产生强大冲击力,这一性质使液滴高速撞击过程在众多工业领域有着广泛应用,例如高速水射流切割、加工、钻孔和清洗作业[19-25],以及热喷涂、喷雾冷却、喷雾成型、喷雾涂层、喷墨打印、精密焊点滴注[26-34]和 DNA 微阵列[35-36]等。在超音速火焰喷涂中[37],涂料与基体表面的撞击过程中涂层与基体的结合强度及涂料的铺展性质决定了涂层的耐冲击、抗腐蚀、耐磨损、耐高温等性能,因此实现涂料液滴与壁面撞击过程的有效控制对涂层质量至关重要。此外,近年来,高速液滴撞击壁面过程中所伴随的液滴内部空化初生与溃灭现象正日益受到各方的关注[38-41],例如在生物医学领域,人们希望利用液滴内部的空化相变过程达到在生物体内靶向给药的目的[42-46]。虽然高速液滴与壁面作用过程已经被大量应用,但是该过程中液滴的动力学演化规律尚不明晰。

高速液滴撞击壁面问题与众多工业应用息息相关,是航空航天等许多学科和工程领域的一个基础物理问题。由于高速液滴撞击壁面为多相、强可压缩流动问题,具有小空间尺度、小时间尺度的特点,其极端的流动条件使实验研究难度非常大;该过程还包含着激波间断、界面间断、各种波系、空化相变等一系列复杂现象及它们之间的相互影响,实现该过程的数值模拟也存在着诸多挑战。此外,目前仍极度缺乏不同初始速度、材料物性、液滴与壁面的几何效应等对液滴撞击固体壁面过程影响规律的系统研究。因此,开展高速液滴与固体壁面作用过程物理机制的探究、系统总结该过程作用规律具有重要的学术意义和工程应用价值。

1.2　液滴与壁面作用过程的研究综述

早在 1876 年,Worthington 就开始了液滴撞击固体壁面问题的研究[47]。Worthington 通过巧妙地设计实验装置,让水银液滴与弹珠同时下落并激发电火花照明,通过闪光照明观测液滴的碰壁过程。图 1.1(a)为其设计的实验装置的示意图,图 1.1(b)为其绘制的水银液滴撞击壁面不同阶段的图像[48]。

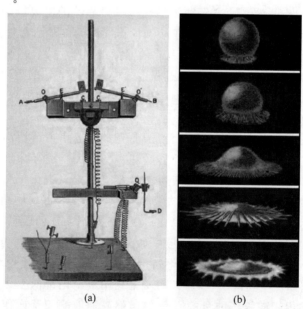

(a)　　　　　　　　　(b)

图 1.1　Worthington 设计的水银液滴撞击固体壁面实验[49]

(a)装置示意图;(b)撞击过程的液滴形态示意图

Reprinted from Ref. 49,with the permission of Annual Reriews,Inc..

尽管大量研究者跟随 Worthington 开展了液滴撞击壁面问题的研究，但直到最近二、三十年，随着高速摄影技术的发展，人们对液滴撞击过程的研究才进入了细致化和定量化研究时代[50]。

1.2.1 液滴撞击固体壁面的模态研究总结

借助高速摄影技术，人们发现，由于物性参数和动力学参数的不同，液滴在对固体壁面的撞击过程中存在着沉积、飞溅、回缩和反弹等不同情况[51-53]。人们进一步总结了影响液滴运动、变形过程的主要无量纲数[49]，分别为

$$\text{雷诺数 } Re = \frac{\rho D v_0}{\mu}, \quad \text{韦伯数 } We = \frac{\rho D v_0^2}{\sigma},$$

$$\text{欧尼索数 } Oh = \frac{\mu}{(\rho \sigma D)^{1/2}} = \frac{We^{1/2}}{Re} \tag{1.1-a}$$

$$\text{邦德数 } Bo = \frac{\rho g D^2}{\sigma}, \quad \text{弗鲁德数 } Fr = \frac{v_0^2}{g D} = \frac{We}{Bo},$$

$$\text{组合参数 } K = We \cdot Oh^{-2/5} \tag{1.1-b}$$

其中，ρ，μ 和 σ 分别代表液体的密度、动力黏性系数和表面张力系数。D 和 v_0 分别为液滴的直径和初始撞击速度，g 为重力加速度。

壁面粗糙度表示加工表面偏离理想平面的绝对平均偏差值。在表面测量学中，粗糙度通常被认为是被测表面的高频短波长分量，使用粗糙度振幅（R_a）和粗糙度波长（R_w）进行衡量[54]，它们是液滴撞击固体壁面过程尤其是飞溅模态的重要影响参数[55-56]。

壁面湿润性用来描述液滴在气体环境下固壁表面的铺展特性，取决于所对应的气、固、液三相系统的共同属性，可由接触面与液滴表面的夹角即接触角进行宏观表征[57]。接触面为液滴与固体壁面的接触区域，接触面的边界称为"接触线"（气液固三相线）。图 1.2 分别给出了一个不易湿润系统（又称"疏水系统"）和易湿润系统（又称"亲水系统"）的静态接触角（ξ_{stat}）示意图，这里的静态接触角又称"平衡接触角"。静态接触角等于 $0(\xi_{\text{stat}} = 0°)$ 的极限情况，被称为"完全湿润系统"；$\xi_{\text{sat}} < 90°$ 的情况被称为"部分湿润系统"；$\xi_{\text{stat}} > 90°$ 的情况被称为"不易湿润系统"[58]。液滴与壁面的撞击过程是一个动态过程，由于壁面的微观几何结构（壁面粗糙度的影响）和化学性质的非均匀分布的影响，接触角会随着接触线速度的变化而变化，此时的接

触角被称为"动态接触角"。由接触线的速度方向的不同,动态接触角可以分为前进接触角和后退接触角,分别表示为 ξ_{adv} 和 ξ_{rec}。通常情况下,由于接触角迟滞现象,$\xi_{adv} > \xi_{rec}$(若没有迟滞现象则 $\xi_{adv} = \xi_{rec}$),杨氏方程定义的经典静态接触角(ξ_{stat})介于 ξ_{adv} 和 ξ_{rec} 之间[59]。Bracke[60] 和 Rioboo[61] 等人给出了接触角的测量和计算方法。

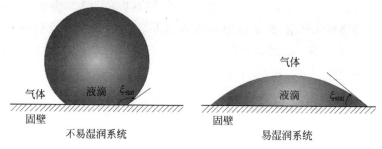

图 1.2　静态接触角(ξ_{stat})的定义

根据动力学过程和液滴形态的不同,液滴撞击固体壁面大致可以分为以下几种模态[62],如图 1.3 所示:

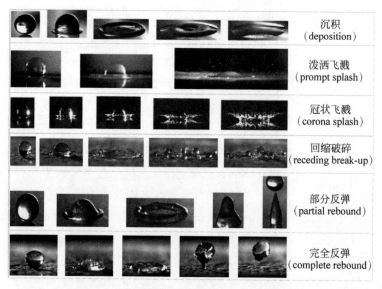

图 1.3　不同条件下液滴撞击壁面的不同模态[62]

Reprinted from Ref. 6, with the permission of Begell House Inc. , Publisher.

（1）沉积（deposition），指液滴在撞击时，沿着被撞表面铺展，并在整个撞击过程中保持表面附着而不破裂，其对应小且低速的液滴撞击到光滑亲水性表面的情况。

（2）泼洒飞溅（prompt splash），发生于液滴与粗糙表面的撞击过程中，其特点是在液滴有很大的向外扩张速度的初始铺展阶段在接触线上产生小液滴。

（3）冠状飞溅（corona splash），发生于表面张力影响很小的情况，液体层在快速扩张时会从壁面脱离。

（4）回缩破碎（receding break-up），在亲水的表面上，当液体从其最大的铺展半径开始缩回时，液体在回缩过程中接触角减小，使液滴后退过程中留下一些小液滴，发生回缩破裂；在超疏水表面，回缩液滴可以分裂成多个指状滴，由于表面张力的不稳定，每个指状滴都可能进一步破裂。

（5）部分反弹（partial rebound）和完全反弹（complete rebound），均发生在液滴撞击后的回缩过程。当液滴回缩到撞击点时，变形液滴的动能导致液滴向上挤压，形成垂直的液滴柱。部分液滴留在壁面，在顶部产生一个或多个滴落，称为"部分反弹"；而液滴全部离开固体表面的情况称为"完全反弹"。当接触角较小时，会发生部分反弹；对于接触角较大的情况，如果液滴在回缩的过程中有足够的动能，会发生完全反弹。

Rioboo 等人[62]进一步总结了若干参数对液滴撞击模态的影响：

（1）粗糙度波长（R_w）

实验表明[62]，受短波的壁面粗糙度影响，低速液滴在较低的撞击过程会产生泼洒飞溅。当撞击速度足够大时，不管何种波长的粗糙壁面都会导致液滴发生泼洒飞溅。

（2）粗糙度振幅（R_a）

Stow 和 Hadfield 的实验表明[63]，粗糙度振幅的增加，有利于泼洒飞溅模态的发生。这种破碎发生在接触线附近，一旦铺展中的液滴受到壁面粗糙度扰动的影响，会触发破碎。

（3）初始撞击速度（v_0）

实验表明[62]，当液滴撞向粗糙壁面时，增加液滴的初始撞击速度有利于泼洒飞溅模态的发生。当液滴撞击不易湿润壁面时，更高的撞击速度会对应更大的铺展直径，回缩阶段也对应了更大的回缩速度和更小的动态回缩接触角，从而增大了回缩破碎的可能性。

（4）液滴尺寸（D）

Rioboo 等人的实验表明[62]，当被撞击的表面非常光滑时，减小液滴尺寸和表面张力均有利于沉积发生，而增加液滴尺寸则有利于冠状飞溅模态的发生。当液滴撞击粗糙壁面时，增大液滴尺寸，在冠状飞溅形成之前会先触发泼洒飞溅模态。

（5）黏性（μ）

Rioboo 等人还对液体黏性对液滴撞击壁面过程的影响进行了实验[62]。实验表明，增加黏性会抑制所有破碎机制，例如高黏性的硅油液滴撞击光滑壁面的过程很难产生冠状飞溅。

（6）表面张力（σ）

通过对比水与乙醇液滴与壁面的作用过程，发现较小的表面张力有利于冠状飞溅模态的发生[62]。

无量纲参数对分析壁面润湿性和粗糙度的影响不敏感，因此不能只用无量纲参数来简单划分图 1.3 中不同模态的阈值。针对不同参数的影响[61-67]，表 1.1 概括性地给出了各个物理参数对液滴撞壁模态变化趋势的规律总结。

表 1.1　不同参数对撞击壁面后液滴模态影响规律总结[68]

增加	沉积	泼洒飞溅	冠状飞溅	回缩破碎	部分反弹	完全反弹
v_0	↓	↑	↑			
D	↓	↑				
σ		↓	↓	↑	↑	↑
μ	↑	↓	↓	↓		
R_a	↓	↑	↓			
R_w		↓				
θ_{rec}				↑	↑	↑

1.2.2　液滴撞击固体壁面的动力学过程研究

液滴与壁面接触面尺寸是一个非常重要的考察参数，为了研究液滴与固体壁面作用时液滴的动力学演化过程，通常采用铺展因子对接触区域尺寸进行表征[33,69-70]。这里，铺展因子（d^*）定义为液滴撞击壁面后与壁面接触区域的无量纲直径，即接触面的直径（d）与液滴初始直径（D_0）之比（$d^* = d/D_0$）。人们根据液滴铺展因子的变化规律将液滴撞击壁面过程划分为不同的阶段[61-62,71-72]，并对几种情形下液滴撞击壁面后铺展因子变化规律进行了总结。根据铺展因子的变化规律，液滴撞击壁面的过程大致划分为以下四个阶段：

1. 动力阶段（kinematic phase）

液滴在撞击的早期阶段，其形状近似为被截断的球体，这一阶段铺展因子随时间（$t^* = tv_0/D_0$）基本遵循 $t^{*0.5}$ 的增长关系。Rioboo[61]给出了铺展因子在无量纲时间 $t^* < 0.1$ 范围内的动力阶段铺展因子随时间变化的理论曲线和一系列的实验结果，以及各组实验分别对应的初始参数。在动力阶段，液滴的撞击完全由惯性主导，铺展因子的变化规律可以用液滴撞击速度和初始直径描述，壁面润湿性等对液滴的整体形状影响不大，铺展因子随时间以幂律增长，从实验结果来看幂指数在 0.45～0.57。

2. 铺展阶段（spreading phase）

随着时间的增加，液滴的几何形态发生明显变化，铺展曲线不再简单遵循 $t^{*0.5}$ 的关系增长。以沉积模态为例，在该阶段液体从液滴底部喷射出来，形成一个外凸的液体薄层。Rioboo[61]给出了五种不同的情况下（不同的液滴物性、初始速度和尺寸）的液滴与壁面撞击过程的铺展曲线。结果表明，随着液滴初始速度或尺寸的增加，液滴的铺展加快，但是更大的表面张力或流体黏性则会减缓液滴铺展。在铺展阶段前期，壁面润湿性的影响仍然不大，然而随着时间的增加，湿润性的影响会逐渐显现，研究表明后退接触角是决定最大铺展直径和薄膜行为的关键参数。

相比于壁面湿润性，表面张力和流体黏度的影响更为显著。因此，在铺展阶段，可使用雷诺数和韦伯数描述其影响规律。基于雷诺数、韦伯数对铺展曲线的影响的研究，发现铺展因子相对于雷诺数的变化具有非线性和非单调性。此外，实验结果还证实，进一步增加韦伯数，最大铺展直径增大，但在这种情况下，液体薄层从固体表面脱落，导致边缘破裂，形成泼洒飞溅或冠状飞溅[62]。在第一阶段和第二阶段（动力阶段和铺展阶段），铺展因子均呈减速增长，这在对数坐标图中并不明显，但在线性坐标图中非常显著。

3. 松弛阶段（relaxation phase）

撞壁液滴到达最大铺展直径后开始回缩，进入松弛阶段。基于不同情况下（不同韦伯数、壁面材质、壁面粗糙度）水滴撞击壁面过程的铺展和松弛阶段的铺展曲线的实验结果发现,与铺展阶段不同,在松弛阶段,表面特性的影响开始显现。在高韦伯数的情况下,在铺展阶段,液滴撞击壁面并发生飞溅,而在其后的松弛阶段,如果高速撞击粗糙的石蜡表面,接触线上的扰动在后退过程中不断累积,并发生局部反弹或者回缩破碎等现象;如果高速撞击光滑的玻璃表面,液滴没有明显的回缩(铺展因子变化很小),更不会出现反弹或回缩破碎等现象。

4. 平衡阶段(equilibrium phase)

在松弛阶段之后,对于所有的非完全湿润系统($\theta_{adv} > 0°$),铺展因子不再发生变化,液滴撞击壁面过程趋于平衡;对于完全湿润系统($\theta_{adv} = 0°$),铺展因子保持一段时间不变(平稳期)之后继续增长。进一步分析完全湿润系统的铺展曲线,发现平稳期的开始时间和持续时间取决于液体性质。在平稳期之后,进入纯润湿阶段,Tanner[73]指出在此阶段铺展因子的增长正比于$t^{1/10}$。Kistler[74]研究了完全润湿系统的液滴自发铺展动力学规律。

可见,在液滴撞击壁面过程的不同阶段,各个参数的重要性有所变化,即在整个撞击过程中要使用不同的无量纲数进行表征。还有学者提出[68],液滴撞击壁面过程可以整体地分为两个阶段,第一阶段为动力阶段,在此之后的阶段根据不同的条件会有所差别,但可以统一划分为真实铺展阶段。虽然初始动力阶段的持续时间很短,但是蕴含着剧烈而复杂的流体动力学现象,尤其是对于高速液滴撞击壁面过程的初始动力阶段,由于作用过程包含着剧烈地能量转换,时间与空间尺度差别极大、变化极大,通过实验详细观察和分析液滴撞击壁面的动力学过程面临极大的挑战。

1.2.3 液滴高速撞壁问题的研究进展

20世纪初,由于汽轮机末级的湿蒸气导致叶轮侵蚀[75-76]、高速飞行器在雨中飞行而引起的表面损伤[77-80]等工程问题的出现,使高速液滴撞击壁面问题引起了人们的广泛关注。

20世纪50—60年代,Engel对高速液滴撞击壁面问题开展了一系列研究[76-78,81]。他发现,空气中的水滴以声速量级的速度撞击壁面时,水滴就好像一个坚硬的球体,能对撞击表面产生巨大的冲击力。受限于当时的研究条件,Engel通过观察钢球与壁面的撞击过程来比拟高速液滴的撞击过程,推测其撞击力与壁面的侵蚀损伤机制[76,81]。此外,Engel认为液滴高速撞击壁面还可能出现空化现象,从而推断表面的损伤主要是在空化侵蚀和撞击侵蚀两种因素共同作用下产生的,同时推测最开始的表面粗糙损伤归因于空化侵蚀。然而,以当时的实验条件,Engel 很难完整地观察,也无法系统地展现液滴内部的空化过程。

从 20 世纪 60—70 年代开始,人们开展了理论解析高速液滴的撞击壁面过程的研究,尝试对撞击过程产生的流体压力进行理论估算。Heymann[82] 从一维“水锤”理论[83]出发,考虑了液滴材质与液滴形状多维效应的影响,对撞击过程产生的最大瞬时冲击压力值进行了理论估计。依据 Heymann 的分析,最大压力点并未出现在初始撞击点,最大压力的产生时刻也并非液滴与壁面碰撞的初始时刻。研究指出,最大压力存在于一个以初始撞击点为圆心的压力环面上,力约为 $3\rho_1 c_1 v_0$(ρ_1 和 c_1 分别为液滴初始状态的密度与声速,v_0 为初始撞击速度)。

Engel[84] 对高速液滴撞击壁面的初始阶段的动力学特性进行了分析,他认为在液滴高速撞击壁面过程的初始阶段,液滴与壁面接触区域没有发生流动变形。从而推导给出了接触区域的接触面积半径变化速率(dr/dt):

$$\frac{dr}{dt} = \frac{(v_0 t - R_0)(-v_0)}{[R_0^2 - (v_0 t - R_0)^2]^{1/2}} \tag{1.2}$$

可见,其仅是液滴初始速度 v_0、半径 R_0 和经历时间 t 的函数。Bowden 和 Field 指出[85],当撞击产生的水锤激波传播到接触区域之外的流体时,该处的流体将发生流动变形,换句话说,当接触面半径变化速率沿液滴表面的切向分量小于水锤激波运动速度时,液滴开始出现变形。从而估算液滴开始出现变形的时刻(以液滴接触到壁面为零时刻):

$$t_c = (R_0/v_0)\{1 \pm [(v_s^2 - v_0^2)/v_s^2]^{1/2}\} \tag{1.3}$$

接触区域的临界半径为

$$r_c = R_0 v_0/v_s \tag{1.4}$$

其中,v_s 为液滴撞击产生的水锤激波的运动速度。Heymann[82] 给出了水锤激波波速的估算公式:

$$v_s = c_1 + \chi v_0 \tag{1.5}$$

其中,c_1 为撞击前液体的声速,χ 为与物质相关的常数。Lesser[86] 借助于惠更斯原理(Huygens principle),从理论的角度对初始撞壁阶段液滴内部的波系演化和壁面压力分布进行了分析。

直到 20 世纪 80—90 年代,人们才开始采用高速摄影技术对高速液滴撞击壁面过程进行观察。最具代表性的人物就是剑桥大学卡文迪许实验室的 Field 等学者[87-90]。他们使用含凝胶的溶液代替纯水，既解决了液体流动性极强、形状不易控制的问题，又很好地保持了水本身的物性。他们对不同形状的凝胶液柱高速撞击壁面过程进行了一系列实验研究，并使用纹影技术有效捕捉到了液柱内部的波系演化过程。Field[88]展示了不同角度楔形液柱高速撞击壁面后内部的波系示意图，包括激波的运动速度 C 大于楔形接触点的运动速度 U_e 的情况，以及激波的运动速度 C 小于楔形接触点的运动速度 U_e 的情况。实验证实，存在着一个临界角度 β_c，当楔形液柱的楔角 β 大于或小于 β_c 时，楔形液柱内的波系结构会显著不同。

液滴的撞击壁面过程相当于一个变楔角液柱的撞壁过程。楔角大小对应为液滴与壁面接触点处的沿液滴表面的切线与固壁之间的夹角 β，初始撞击壁面时刻夹角为 0°，而后夹角逐渐增大。因此，对于液滴撞击固体壁面问题，存在着一个临界时刻 t_c（对应的夹角为临界夹角 β_c），在此之前，水锤激波末端始终与三相线（点）重合，在 t_c 时刻之后，水锤激波末端脱离固壁，沿液滴自由表面运动，液滴界面发生变形产生射流。

Field[90]使用准二维凝胶圆柱与滑块的高速碰撞模拟了高速液滴撞击壁面过程。图 1.4 为准二维凝胶柱与初始速度为 110 m/s 的固体滑块碰撞过程的一系列瞬时纹影结果。从纹影结果观察到，液柱高速撞击壁面的初始阶段产生了水锤激波（S），而后水锤激波沿自由表面运动产生射流（J），这均与之前的理论预测结果吻合。随着水锤激波的继续运动，当其扫过整个液柱后液滴中产生了新的波系（R），作者认为这是反射稀疏波。随后，这些反射波发生汇聚，并最终汇聚在 F 区域，图中观察到了一片深色区域，作者猜测这是由反射稀疏波引起的空化区域。受限于当时的研究条件，作者对于高速液滴撞击壁面后发生的一系列现象的机理解释仅仅停留在主观推测阶段。

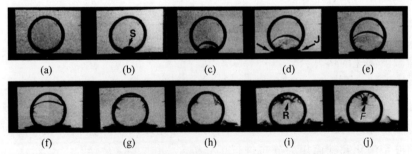

图 1.4　准二维圆柱凝胶柱与初始速度为 110 m/s 的固体滑块碰撞过程的一系列纹影结果[90]（时间间隔均为 1 μs）

Reprinted from Ref. 90, with the permission of AIP Publishing.

直至 21 世纪初,随着计算技术的发展,人们得以利用数值手段对液滴高速撞击壁面过程进行数值模拟,上述实验中观察到的一系列现象才得以详细阐释。瑞士苏黎世联邦理工学院的 Haller 和 Ventikos 等人[91-95]考虑了液体的可压缩性,采用界面追踪方法对高速液滴撞击壁面问题进行了一系列数值研究。Haller 和 Ventikos 通过对初始速度为 500 m/s 的液滴撞击壁面过程进行数值模拟,观察到了水锤激波的产生、运动和与自由表面的相互作用的整个过程,发现激波与液滴自由表面相互作用后会产生由反射稀疏波引起的极低压区,而后反射稀疏波汇聚于液滴的内部区域[91]。他们获得的壁面压力分布结果,与 Heymann[82],Lesser[86] 和 Field[88] 等人的理论预测结果吻合,并给出了水锤激波波面位置和形状的近似理论解[92]。

近些年,人们对高速液滴撞击壁面过程进行了相对详细的数值模拟研究。Xiong[96] 和 Zhou[97] 等学者主要关注了高速液滴撞击过程中壁面的受力规律,结合水锤激波理论与数值结果,预测了不同材质液滴撞击侵蚀速率。Sanada[98],Sasaki[99] 以及 Kondo 和 Ando[100] 等人考虑了不同壁面材质的影响,对液滴撞击非刚性壁面和壁面变形过程进行数值模拟,讨论了由液滴撞击造成的壁面变形与受力。此外,Kondo 和 Ando[100] 以及 Niu 和 Wang[101] 在高速液滴撞击壁面数值模拟结果中,都观察到了液滴内部由反射稀疏波汇聚而形成的极低压流体区域,推测了在该区域发生空化的可能性。然而,令人遗憾的是,由于他们的计算模型中均没有考虑空化相变模型,无法真实地模拟空化初生与溃灭过程。

1.2.4 小结

自 19 世纪开始研究液滴撞击固体壁面的问题以来,人们逐步解释了撞壁过程中液滴变形、破碎与不同参数之间的关系,揭示了撞击壁面过程的液滴模态和动力学特性。对于高速液滴撞击壁面的过程,由于时间尺度、空间尺度跨度大,且实验控制难的特点,目前对其流动规律和撞壁机制的阐述仍然不充分。

即便如此,高速液滴撞击固体壁面问题依然受到越来越多的关注,并有望在医学、电子工程等一系列领域得到更为广泛的应用。有学者提出[102],基于惯性约束核聚变的原理,利用高速液滴撞击壁面过程产生的受限激波,可将能量集中到非常小的区域从而触发核聚变。在生物医学领域,利用相变液滴撞击实现药物靶向输运的过程被越来越多的学者所关注[43-46]。在

DNA 微阵列技术中,生物芯片的制备过程也同样利用了高速液滴的撞击过程[103-104]。

1.3 高速液滴撞击壁面过程的流动现象及其物理解释

1.3.1 水锤激波

高速液滴撞击壁面过程对撞击壁面产生撞击力。早期,人们应用 Cook[83] 推导的一维水锤激波理论来估计这种冲击过程中产生的最大压力。Heymann[82] 在 Cook 的基础上,进一步提出了声速修正和多维效应。他认为一维水锤压力(最大压力值)可以近似表示为

$$p_h = \rho_0 c_0 v_0 (1 + \chi(v_0/c_0)) \tag{1.6}$$

其中,c_0 为未受扰动区域液体的声速,χ 为与液体物性相关的常数,其值通常取 $1\sim2$。

当液滴撞击固体表面时,液滴在瞬态接触点处产生压力小波(或压缩小波),压力小波以声速传至液滴内部。人们借助惠更斯小波模型解释了高速液滴撞击壁面过程中上凸形水锤激波的产生和运动过程[86,92]。惠更斯原理认为,在液滴与壁面碰撞的过程中的任意时刻,不断铺展的液滴与壁面的新接触点都会发射出一个以当地声速向外运动的小波(压缩波),小波以内区域为受扰动区域而小波以外的区域为未受扰动区域。这些小波的包络线构成了水锤激波的波面。当接触面半径变化的速度沿液滴表面的切向分量大于激波的运动速度时,液滴可以以水锤激波波面为界限划分为两个部分:一部分为被撞壁小波扫过的压缩区域,另一部分为在这之外的仍然未受撞击影响的流体区域。当接触面半径变化的速度沿液滴表面的切向分量小于激波的运动速度后,激波脱离壁面,其沿液滴自由表面运动时被反射从而产生一系列的反射稀疏波(R),此时液滴的自由表面也发生变形产生向外的流体射流(J)。因此,在此之后,无法再由式(1.2)简单地依据几何关系得到接触面铺展的速度和位置。水锤激波恰巧脱离接触面时,流场压力出现最大值,其值大约是 Cook 理论估算的水锤压力的三倍[91]。然而,受限于当时的研究条件,此阶段的液滴受力规律及后续波系演化过程仍未得到清晰的认识。

此外,如前文分析,Engel 和 Heymann 等人[82,84-86]对高速液滴撞击壁面初始阶段的动力学特性进行了分析,他们认为在高速液滴撞击壁面过程

的初始阶段,液滴与壁面接触区域没有发生"铺展变形"。通过考虑球形液滴在初始阶段的动力学过程,可以求得水锤激波与壁面脱离的临界时刻、临界接触区域半径等值(式(1.3)和式(1.4)),以及如图1.5所示的临界夹角(β_c):

$$\sin\beta_c = v_0/v_s \tag{1.7}$$

其中,v_s 为激波的运动速度。

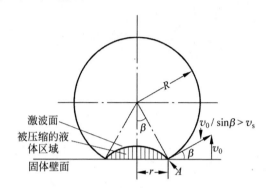

图 1.5　液滴高速撞击初始阶段示意图[82]

Reprinted from Ref. 82, with the permission of AIP Publishing.

1.3.2　复杂波系演化

高速液滴撞击壁面时液滴内会产生水锤激波。初始阶段激波末端附着于固壁,与接触线重合。接触线速度小于激波的运动速度后,激波脱离壁面,沿液滴自由表面向远离壁面的方向运动[86]。此时,被压缩的液体不再完全被激波和壁面所包围,接触线附近流体发生流动变形,形成沿着壁面的侧向射流,同时激波被液滴表面反射,产生一系列的反射稀疏波,Rein[105]还给出了对该过程进行推测后的液滴变形和反射稀疏波结构示意图。

Haller 和 Kondo[91,100-101]等学者分别对液滴内水锤激波的演化过程进行了数值模拟研究,观察到受限于液滴内部的水锤激波在自由表面附近的反射行为。Sembian 等人对激波与液柱的作用过程进行了实验研究,图1.6展示了他们观察到的受限于液滴内的激波的反射行为和后续各种复杂波系相互作用的纹影结果[106]。然而,至今为止,尚未有针对液滴撞击壁面过程产生的复杂波系演化规律的详细分析。

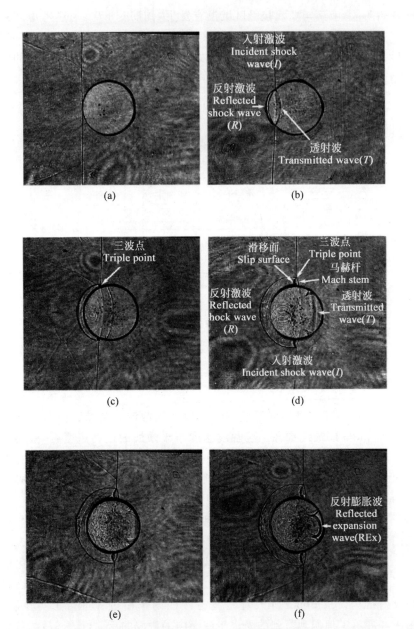

图 1.6　一个直径为 22 mm 的水柱被马赫数为 2.4 的平面激波作用后的纹影图像序列[106]

Reprinted from Ref. 106, with the permission of AIP Publishing.

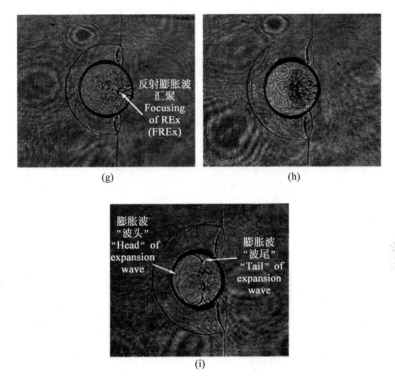

图 1.6　（续）

1.3.3　液滴内的空化

空化问题备受学术界和工业界的广泛关注[107-114]。液滴内部的空泡可以分为两类,第一类是液体空化初生形成的蒸气泡;第二类是液滴初始含有的空泡。

通过超声波聚焦、激光聚焦、电火花等手段均可以在液滴内部产生空化。这类空化泡很难稳定存在,伴随着剧烈的动力学过程。Kobel 等学者[107]展示了使用电火花技术在液滴内产生不同大小的空化泡,以及随后发生剧烈溃灭的过程。由于非平衡效应,这类空化泡通常在周围的液体作用下发生溃灭[115]。

人们还可以利用嵌入的空泡控制非均相空心液滴的孔隙率、导热率和飞行轨迹等来满足不同工艺的需求[116-117]。Gulyaev 对空心液滴撞击壁面过程进行了一系列实验研究[39,114],给出了空心甘油滴以 5.94 m/s 的初始速度撞击壁面过程的实验图像。可以看到,区别于实心液滴撞击壁面后的动力学行为,由于液滴内空泡的存在,空心液滴撞击壁面后的铺展过程中出现了撞击中心区域的反向射流。

目前为止,无论是蒸气泡液滴还是空气泡液滴,人们对它们与壁面碰撞过程的动力学规律的研究仍不充分。

1.3.4　壁面侵蚀与损伤

大量报道表明,高速液滴撞击壁面会造成壁面的侵蚀和损伤[118-120]。从 20 世纪 60—90 年代,人们对液滴冲击侵蚀问题进行了大量研究[121-125]。通过观察高速液滴撞击壁面后留下的痕迹,人们试图分析壁面的受力情况与损伤机理[77-78,98-99,126-127]。

研究发现,水滴反复撞击可能导致撞击区域的壁面产生下凹状变形[88-89]。Bowden 和 Brunton[124]研究了 750 m/s 的水射流分别冲击不锈钢与铝制壁面后产生壁面侵蚀变形的实验结果[124]。如图所示,撞击区的主要特征为碟形凹陷变形,变形的程度由中心向外缘增加,蝶形区域的外围是一圈剪切变形非常严重的区域。侵蚀区域的外径不取决于金属材料性质,只取决于射流喷嘴的直径。

人们进一步发现,高速液滴对变形曲面进行冲击会造成壁面的进一步损伤[108,128-131]。图 1.7 展示了固体表面受直径为 5 mm 的水滴反复撞击造成的表面侵蚀的实验结果。如图 1.7(a)、(b)和(e)所示,液滴的反复撞击会在壁面的凹陷中心处产生一个局部的损伤坑,这个中心损伤坑在持续撞击下会进一步发展成隧道型深坑侵蚀。然而,上述现象的物理机制尚不明确[109]。

21 世纪以来,基于工程需求,人们十分关注受液滴高速撞击部件损伤后的寿命,并试图建立试件损伤准则。Oka 等人[132]利用水射流装置对各种陶瓷和涂层材料进行了冲击侵蚀试验,评价了材料的损伤抵抗能力,建立了损伤参数与力学性能的关系。Li 等人[133]对水滴撞击涡轮叶片的侵蚀与损伤特性进行了研究,估算了液滴撞击过程的最大等效应力及其发生位置。基于此,人们还对被撞击壁面的几何形状[134]、壁面粗糙度[135]以及壁面材质[136-138]等不同因素的影响开展了研究工作。然而由于高速液滴撞击过程产生的壁面侵蚀机理尚未得到详细解释,目前尚无法准确地给出侵蚀速率与寿命估算的准则。

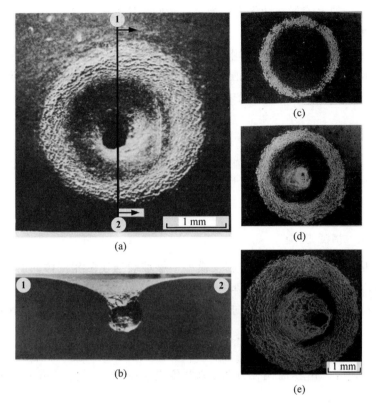

图 1.7 固体表面受水滴高速反复撞击而引起的固体表面侵蚀的实验结果

(a) 被 10 次撞击后的铜表面俯视图[88];(b) 被 10 次撞击后的铜表面横断面视图[88];
(c) 1 次撞击后逐渐损伤的硬铝板表面[89];(d) 5 次撞击后逐渐损伤的硬铝板表面[89];
(e) 10 次撞击后逐渐损伤的硬铝板表面[89]

Reprinted from Ref. 88, with the permission of The Royal Society (U. K.). Reprinted from Ref. 89, with the permission of AIP Publishing.

1.3.5 壁面几何效应

在热喷涂、表面处理等领域中往往存在着高速液滴与非平直或非光滑表面的相互作用,这和液滴与平直表面作用过程有所不同。近年来,液滴与不同构型壁面[139-144]尤其是凹凸壁面[145-157]的作用受到更多关注。Mitra 等人[154]对低韦伯数情况下液滴撞击不同材料的球形表面进行了研究,分别给出了水滴在撞击时发生变形与反弹的一系列高速摄影图像,以及相应的数值模拟结果。类似地,Liu 等人[155]利用高速摄像机记录了直径为

2.58 mm 的水滴低速冲击直径为 6 mm 的直管的实验过程,并对该过程进行了数值模拟。

目前,对液滴与曲壁作用的研究均局限于低速情况。研究中仅关注了液滴本身的变形,而对于撞击过程中液滴内部波系的相互作用、曲壁的受力和液滴内部空化等问题则尚未看到相关研究报道。

1.4　相变与空化模型

为了揭示高速液滴撞击壁面过程中空化泡的产生与溃灭机制,本书对相变与空化模型的研究进展进行了文献调研。

1.4.1　相变模型

可压缩两相流动中要求相变模型能够准确描述两相流体间的质量、动量和传热过程,以及上述过程中的界面变化。

对于两相流体,界面法向上的质量传递速率 $\dot{m}(\mathrm{kg}/(\mathrm{m}^2 \cdot \mathrm{s}))$ 表示为

$$\dot{m} = \rho_g(\boldsymbol{u}_g - \boldsymbol{u}_I) \cdot \boldsymbol{n} = \rho_l(\boldsymbol{u}_l - \boldsymbol{u}_I) \cdot \boldsymbol{n} \tag{1.8}$$

其中,$\boldsymbol{n}$ 为界面单位法向量,下标 g 和 l 分别对应气相组分与液相组分,$\boldsymbol{u}_l$ 为界面速度。由界面两侧速度、动量传递速率和能量传递速率的阶跃条件有[158]

$$(\boldsymbol{u}_g - \boldsymbol{u}_I) \cdot \boldsymbol{n} = \dot{m}\left(\frac{1}{\rho_g} - \frac{1}{\rho_l}\right),$$

$$\dot{m}(\boldsymbol{u}_g - \boldsymbol{u}_I) = \zeta\kappa\boldsymbol{n} - (p_g - p_l)\boldsymbol{I} \cdot \boldsymbol{n},$$

$$q_l'' = \dot{m}h_{gl} \tag{1.9}$$

其中,ζ 为界面曲率,κ 为表面张力系数,q_l'' 为界面热流,h_{gl} 为汽化潜热。这里,能量阶跃关系仅考虑了潜热。在包含相变的两相流动模型中,上述阶跃条件往往通过方程中的相变源项表示。截至目前,尚没有一种通用的两相流体相变模型。

1. 能量阶跃模型

人们采用 Rankine-Hugoniot 阶跃条件[159]来表示界面相变过程,这类模型被称为"能量阶跃模型"。在能量阶跃模型中,传质与传热过程相一致,即

$$q''_1 = \boldsymbol{n} \cdot (k_1 \nabla T_1 - k_g \nabla T_g) = \dot{m} h_{gl} \tag{1.10}$$

其还可以等效写成如下形式：

$$q''_1 = \left(k_1 \frac{\partial T}{\partial \boldsymbol{n}} \bigg|_1 - k_g \frac{\partial T}{\partial \boldsymbol{n}} \bigg|_g \right) = \dot{m} h_{gl} \tag{1.11}$$

对应于质量守恒方程中的质量源项可由如下表达式给出：

$$\dot{S}_{\rho,g} = -\dot{S}_{\rho,1} = \dot{m} \mid \nabla \alpha_g \mid \tag{1.12}$$

其中，对于任意一个特定计算单元的$|\nabla \alpha_g|$可以通过如下表达式求出：

$$\mid \nabla \alpha_g \mid = \frac{1}{V} \int \mid \nabla \alpha_g \mid \mathrm{d}V = \frac{A_{\text{int}}}{V} \tag{1.13}$$

其中，A_{int}为计算单元内的界面面积，V为单元格的体积。

虽然能量阶跃模型不需要引入经验参数，但是它没有考虑动能的贡献。同时要注意到，式(1.12)中的$|\nabla \alpha_g|$项只有在界面上才为非零值，因此它只能考虑已存在两相界面的质量传递过程，对于空化/沸腾这些没有初始两相流体界面的相变过程，该模型是失效的。

2. Schrage 模型

20 世纪 50 年代，Schrage[160]基于气体动力学理论提出了基于 Hertz-Knudsen 方程[161]的质量传递模型。模型假设界面两侧的蒸气(气体)和液体均处于饱和状态，同时允许界面两侧存在温度差和压力差，即 $T_{\text{sat}}(p_1) = T_{1,\text{sat}} \neq T_{\text{sat}}(p_g) = T_{g,\text{sat}}$。利用气体动力学理论，将相变过程中分子通过界面的流量与各相的温度和压力联系起来。调节系数 γ 用来表示发生相变并穿过界面的分子数比例，$1-\gamma$ 为相应的未穿过界面的相变分子数比例。γ_c 和 γ_e 分别对应于冷凝和蒸发的情况，定义为

$$\gamma_c = \frac{\text{液相吸收的分子数}}{\text{与液相碰撞的总分子数}} \tag{1.14}$$

$$\gamma_e = \frac{\text{转变为蒸气的分子数}}{\text{由液相逃逸的总分子数}} \tag{1.15}$$

根据上面的定义，可以知道 $\gamma_c = 1$ 对应于完全冷凝的情况，即所有与液相碰撞的分子均被吸收。相反地，$\gamma_e = 1$ 对应于完全蒸发的情况，即所有逃逸出液相的分子均转变为气相。从而，界面净质量流量 $\dot{m}(\text{kg}/(\text{m}^2 \cdot \text{s}))$ 可以由气相转变到液相与液相转变为气相的流量之差获得，

$$\dot{m} = \frac{2}{2-\gamma_c} \sqrt{\frac{M}{2\pi R}} \left[\gamma_c \frac{p_g}{\sqrt{T_{g,\text{sat}}}} - \gamma_e \frac{p_1}{\sqrt{T_{1,\text{sat}}}} \right] \tag{1.16}$$

其中，R 为通用气体常数（8.314 J/（mol·K）），M 为分子量，p_g 和 $T_{g,sat}$ 分别为界面处蒸气的压力与饱和温度。一般认为蒸发与冷凝的比例系数相等，用一个调节系数 γ 来表示。则式（1.16）可表示为如下简化形式：

$$\dot{m} = \frac{2\gamma}{2-\gamma}\sqrt{\frac{M}{2\pi R}}\left[\frac{p_g}{\sqrt{T_{g,sat}}} - \frac{p_l}{\sqrt{T_{l,sat}}}\right] \tag{1.17}$$

上述模型的最大困难在于 γ 值的确定，一些研究者试图通过对模型预测结果和实验数据进行比较来确定它的值，例如，Marek 和 Straub[162]，Pual[163]，Rose[164]，Wang 等人[165]，Hardt 和 Wondra[166]，Kharangate 等人[167]，Magnini 等人[168]的研究工作。

总体而言，Schrage 模型既考虑了物理本质，又考虑了动能效应。但与能量阶跃模型类似，Schrage 模型中质量源项依然需要计算 $|\nabla\alpha_g|$，其只有在界面上才为非零值，因此该模型仍然只适用于已存在两相流体界面的流动系统。

3. Lee 模型

Lee[169]针对蒸发和冷凝过程，建立了简化的饱和模型，该模型认为相变由界面温度与饱和温度（T_{sat}）的偏差驱动，相变速率与该偏差量成正比。该模型认为质量传递发生于恒压且准热力学平衡状态下，对于冷凝过程（$T < T_{sat}$）有

$$\dot{S}_{\rho,g} = -\dot{S}_{\rho,l} = r_i \alpha_g \rho_g \frac{T - T_{sat}}{T_{sat}} \tag{1.18}$$

对于汽化过程（$T > T_{sat}$）有

$$\dot{S}_{\rho,g} = -\dot{S}_{\rho,l} = r_i \alpha_l \rho_l \frac{T - T_{sat}}{T_{sat}} \tag{1.19}$$

其中，r_i 是一个被称为传质强度系数的经验参数，单位为 s^{-1}。Lee 模型的关键是 r_i 值的确定。其值取决于许多因素，如特定的相变现象、流量、网格大小和计算时间步长等。

研究表明[170-172]，Lee 模型本质上是 Schrage 模型的派生。总体而言，Lee 模型缺乏坚实的物理基础，但适用于沿界面和饱和相内发生的相变。

4. Saurel 模型

Saurel[173-175]基于相平衡原理，针对空化相变过程，建立了简化的动力

学松弛模型。该模型中每种流体采用各自的状态方程,并根据相平衡时各个组分化学势相等的原则,把相变看成一个动力学转化过程,以相平衡为最终目的,实现相变(汽化冷、凝)过程。其相变源项表示为

$$\dot{S}_{\rho,v} = -\dot{S}_{\rho,l} = v(\mu_l - \mu_v) \qquad (1.20)$$

其中,$v(v \geqslant 0)$为控制松弛速率的松弛因子,v不仅取决于两相界面面积,还取决于当地的热力学状态。对于空化过程,Saurel[174]认为相变的时间尺度远小于流动的时间尺度,因此认为在相变处v的值为无穷,而其余位置取值为 0。

该模型保证了相变后温度和吉布斯自由能相等的相平衡条件,可以考虑流体的亚稳定状态,既适用于沿界面的相变,又适用于纯相内的相变过程。Han[176-177]等人对该模型进行了改进,利用化学势松弛代替吉布斯自由能松弛,使之可以拓展到多组分问题。

除了上述四种常用模型,人们还基于实验数据或热传导关系构建了其他类型的相变模型。例如,Zhuan 和 Wang[178]利用马朗戈尼热通量相关性(Marangoni heat flux correlation[179-180])计算了核沸腾初始阶段的传质速率,并利用气泡生长速率的相关性[181-182]估算了后续阶段的传质。Jeon 等[183]人在对过冷沸腾的研究中,利用 Kim 和 Park[184]实验中得到的冷凝传热相关性来估计源项。上述模型均基于数据相关性,因此它们只适用于特定流体。Zu 等[185]人采用基于经验数据[186]的经验方法来模拟准核沸腾过程。Zhang 等[187]人利用 VOF 模型捕捉流动凝结过程中的界面,采用控制源项将界面温度强制等于T_{sat},然后利用更新后的温度场计算能量和质量源项。虽然这类经验模型简化了数值求解,但它们通常是针对特定的流体推导得来的,也只在特定的流动参数范围内有效。

总体而言,目前针对相变过程的求解,尚没有统一的相变模型。人们通常根据研究对象的特点,建立或选择合适的相变模型。

1.4.2　空化模型

为了揭示空化现象的本质,首先介绍流体的亚稳定状态。由于气液两相存在表面张力,如果某一原本处于稳定状态的流体相,由于状态的改变,被带入另外一个流体相的稳定相态区域,那么该流体相可以在有限时间内以亚稳定状态存在,这种亚稳定状态的寿命与该相所处的状态与饱和状态的偏差有关[188]。

这里只关心液体相对于其蒸气相的亚稳定状态。这种状态可以用两种

方法获得：将液体相加热到温度高于沸点，或将液体相拉伸到压力值低于饱和蒸气压。通过第二种方法，如果液体非常纯净，液体的状态可以远远偏离饱和状态，甚至可以达到负压力状态[189]。如果进一步拉伸液体，使其达到亚稳态液体可以承受的极限拉力时，它就无法继续以液态存在而发生气泡成核现象，从而转变为更为稳定的蒸气相。这就是所谓的空化现象，亚稳态液体可以承受的极限压力称为"空化压力"[190]。

1. 均质成核空化

首先，讨论均质成核空化，即纯净液体的空化过程。人们针对该成核过程建立了经典成核理论（CNT）[188,191-192]。

在各向均匀同性流体假设条件下，对于压力值为 p、温度为 T（$T > T_{sat}$）的亚稳态（过热）液体，或是温度为 T、压力为 p（$p < p_{sat}$）的亚稳态（受拉）液体，产生半径为 R 的球形蒸汽泡需要的最少能量为

$$\frac{4}{3}\pi R^3 (p - p') + 4\pi R^2 \sigma \tag{1.21}$$

其中，p' 为与压力为 p 的液体有相同化学势时对应的蒸气相的压力值，σ 为表面张力系数。对于远离临界点状态的情形，可以认为 $p' - p \simeq p_{sat}(T) - p$。式（1.21）中的第一项可以理解为形成半径为 R 的球形蒸气泡所需的能量，第二项为产生其对应界面所需的能量。从而可以得到一个能量阈值：

$$E_b = \frac{16\pi}{3} \frac{\sigma^3}{(p' - p)^2} \tag{1.22}$$

对应的临界气泡半径为 $R_c = 2\sigma/(p' - p)$。空化泡生成速率与 $\exp[-E_b/(k_b T)]$ 成正比（k_b 为玻尔兹曼常数），即当 E_b 与热波动能量相当时发生空化。有学者进一步提出[193]，当空化概率为大于 $1/2$ 时认为空化发生，此时有

$$\frac{E_b}{k_b T} = \ln\left(\frac{\Gamma_0 V \tau}{\ln 2}\right) \tag{1.23}$$

其中，V 和 τ 为空化泡的体积和持续时间。Γ_0 为动能前因子，可通过热波动 $k_b T/h$ 与独立成核点的密度 $1/R_c^3$ 的乘积进行估算[193]（其他估算方法可以参考[192]）。由式（1.23）的对数关系可知：①理论空化条件的估算并不需要给出 Γ_0 的准确值；②即使 $V\tau$ 的值变化很大，所对应的空化压力或温度也几乎相同。Caupin[194] 给出了基于 CNT 理论预测的水的空化压力

曲线。与其他液体相比,由于水分子间氢键的存在,理论上允许存在高度亚稳定状态,例如在温度为 300 K 时,由 CNT 理论预测的水的空化压力值为 -168 MPa。

2. 异质成核空化

液体中存在杂质,相当于水分子与固体介质的相互作用。液体中杂质或液固壁面的存在,使流体在实际中通常发生异质成核空化。

亚稳态液体与固体壁面接触可以降低产生蒸气泡所需的能量,这取决于固体介质的湿润特性。如常用 σ,σ_{SV} 和 σ_{SL} 分别表示液体-蒸气、固体-蒸气和固体-液体的表面张力系数,那么 Volmer[196] 给出了在可看作光滑的固体壁面上产生空化的条件,

$$(p'-p)^2 = \frac{16\pi}{3}\frac{\sigma^3}{E_b}\frac{(2-\cos\xi_{stat})(1+\cos\xi_{stat})^2}{4} \quad (1.24)$$

其中,ξ_{stat} 为水与固壁的平衡接触角,$\cos\xi_{stat}=(\sigma_{SV}-\sigma_{SL})/\sigma$。随着接触角的增大,它对于壁面空化阈值的影响逐渐显现,例如,当 $\xi_{stat}=53°$ 时,E_b 相对于均质空化过程减小 10%,空化压力也随之减小。此外,壁面粗糙度也会对空化压力阈值产生影响,具体分析可以参考文献[191]和文献[197]。

1.5　本书研究目的和内容

液滴撞击壁面问题广泛存在于工业生产与工程应用中。文献调研表明,国内外众多学者针对液滴撞击壁面过程中的液滴几何模态以及时空演化规律进行了大量研究工作。针对低速液滴与壁面作用过程的研究报道丰富,但针对高速液滴与壁面作用问题的研究则不充分,主要表现在:

(1)高速液滴撞击壁面过程中水锤激波的产生机制和激波在液滴内部反射后各种复杂波系相互作用的物理机制尚未得到全面系统的研究;

(2)高速液滴撞击壁面过程中流体空化机制,以及空泡溃灭规律尚未清晰阐释,与其相适应的可压缩两相流模型仍不完善;

(3)不同类型的含空泡高速液滴和壁面构型对撞击动力学规律的影响尚不明确。

本书旨在发展一套可考虑空化相变过程的多组分可压缩流体数值模型算法,并开发相应程序,对不同条件下高速液滴撞击壁面过程进行一系列精细的数值模拟,并对该过程涉及的复杂现象的物理机制和演化规律进行深

入研究和系统地总结,为液滴高速撞壁过程的控制及其工程应用提供理论依据和支撑。

全书共分为 6 章,各章节安排如下:

第 1 章是引言,首先介绍了高速液滴撞击壁面的研究背景与意义;其次,对该问题的研究进展进行了全面的文献综述;再次,针对高速液滴撞击壁面问题涉及的相变与空化模型分别进行了总结;最后对研究内容与章节安排进行了介绍。

第 2 章系统地叙述了本书采用的包含空化相变模型的多组分可压缩两相流数值模拟方法,并给出了数值模拟计算平台的验证分析和对比结果。

第 3 章开展了液滴高速撞击刚性水平壁面的研究,并与实验结果进行了比较分析。基于数值模拟结果,分别对液滴高速撞击壁面过程中各个阶段的演化机制进行了详细分析,进一步讨论了不同初始速度与液滴材质的影响。

第 4 章开展了空心液滴高速撞击刚性水平壁面的研究。在对含不同气体气泡的空心液滴高速撞击壁面过程进行对比分析的基础上,进一步考虑了不同空泡尺寸、位置与液滴初始速度的影响。

第 5 章是高速液滴撞击刚性曲壁问题的研究。对高速液滴与凹壁和凸壁撞击过程进行对比分析,探讨了液滴与不同构型壁面撞击过程中的壁面侵蚀与抗侵蚀机制和三维效应的影响。

第 6 章是全书的总结与展望。

第 2 章　数值模型与方法

高速液滴撞击固体壁面问题是一个强可压缩多相流体动力学问题。本书采用欧拉-欧拉框架下的含空化相变模型的多组分两相可压缩流体模型，实现界面的输运、变形和相间传递导致的界面涨落过程的有效捕捉。基于有限体积方法，对控制方程进行离散，通过算子分裂解耦源项与对流项，对流项空间离散使用五阶 WENO-IS 进行重构。利用基于经典成核理论的均质和异质空化模型确定空化发生条件，考虑快速相变的化学势松弛方法迭代求解相变源项。本章首先介绍了本书所用的可压缩两相流控制方程及其数学性质，其次介绍了状态方程涉及的各物质物性参数的计算方法，再次给出了本书所使用的空化模型和相变模型及其数值求解方法，最后通过若干类型算例对数值方法进行验证。

2.1　可压缩两相流控制方程和数值方法

Saurel-Abgrall 模型是目前最有应用前景的可压缩两相流模型[198-211]，该模型本质上由各相的质量守恒方程、总体的动量守恒和能量守恒方程，并加上体积分数输运方程组成。如果将不同物质和各物质的不同相态均各自视为一个独立组分，则多相态流动是多组分流动的一个子集，其中不同的流体组分含量以体积分数表示，可以借助体积分数得到两相界面，从而可从原有两组分模型[174]推广应用到多组分问题[174,212]。

2.1.1　控制方程

对于本书面对的考虑相变过程的 K 组分两相可压缩流动问题，基于 K 个组分各自的质量守恒、总体动量守恒、总体能量守恒方程，以及 $K-1$ 个组分的体积分数输运方程，不考虑黏性、表面张力和传热传质过程，可以得到欧拉-欧拉框架下的 K 组分模型，其控制方程如下：

$$\frac{\partial \alpha_k \rho_k}{\partial t} + \frac{\partial \alpha_k \rho_k u}{\partial x} + \frac{\partial \alpha_k \rho_k v}{\partial y} = -\frac{\delta}{x} \alpha_k \rho_k u + \dot{S}_{\rho,k}, \quad k=1,2,\cdots,K,$$

$$\frac{\partial(\rho u)}{\partial t} + \frac{\partial(\rho u^2 + p)}{\partial x} + \frac{\partial(\rho u v)}{\partial y} = -\frac{\delta}{x}\rho u^2,$$

$$\frac{\partial(\rho v)}{\partial t} + \frac{\partial(\rho u v)}{\partial x} + \frac{\partial(\rho v^2 + p)}{\partial y} = -\frac{\delta}{x}\rho u v,$$

$$\frac{\partial E}{\partial t} + \frac{\partial[u(E+p)]}{\partial x} + \frac{\partial[v(E+p)]}{\partial y} = -\frac{\delta}{x}u(E+p),$$

$$\frac{\partial \alpha_k}{\partial t} + u\frac{\partial \alpha_k}{\partial x} + v\frac{\partial \alpha_k}{\partial y} = \dot{S}_{a,k}, \quad k=1,2,\cdots,K-1 \tag{2.1}$$

其中，δ 是坐标因子。当 $\delta=1$ 时，对应旋转轴对称坐标系；当 $\delta=0$ 时，对应笛卡儿坐标系。其中，α_k 和 ρ_k 分别为组分 k 的体积分数和密度。组分间体积分数满足归一化约束：

$$\sum_{k=1}^{K}\alpha_k = 1 \tag{2.2}$$

其中，ρ 为总密度，E 为总能，分别定义为

$$\rho = \sum_{k=1}^{K}\rho_k\alpha_k \tag{2.3}$$

$$E = \sum_{k=1}^{K}\alpha_k\rho_k e_k + \frac{1}{2}\rho \boldsymbol{u}^2 \tag{2.4}$$

其中，$\boldsymbol{u}$ 为速度矢量。$\dot{S}_{\rho,k}$ 和 $\dot{S}_{a,k}$ 分别为与相变过程有关的源项，其具体表达式和详细求解过程将在 2.3 节给出。

采用刚性气体状态方程（SG-EOS）封闭上述方程组，基于该状态方程的各组分的状态参数表达式如下：

$$e_k(p,\rho_k) = \frac{p + \gamma_k p_{\infty,k}}{\rho_k(\gamma_k - 1)} + q_k \tag{2.5}$$

$$\rho_k(p,T) = \frac{p + p_{\infty,k}}{c_{V,k}T(\gamma_k - 1)} \tag{2.6}$$

$$h_k(T) = \gamma_k c_{V,k} + q_k \tag{2.7}$$

$$c_k = \sqrt{\frac{(p + p_{\infty,k})\gamma_k}{\rho_k}} \tag{2.8}$$

$$g_k(p,T) = (c_{V,k}\gamma_k - q_k')T - c_{V,k}T\log\frac{T^{\gamma_k}}{(p + p_{\infty,k})^{\gamma_k - 1}} + q_k \tag{2.9}$$

$$\mu_1(T, g_1, \alpha_1, \alpha_2) = g_1 + (\gamma_1 - 1)c_{V,1}T\log\frac{\alpha_1}{1-\alpha_2} \qquad (2.10)$$

其中，e_k，h_k，c_k，g_k 和 μ_1 分别为组分 k 的比内能、比焓、声速、吉布斯自由能和蒸气组分的化学势；γ_k，$p_{\infty,k}$，$c_{V,k}$，q_k 和 q_k' 分别为组分 k 的比热比、与物质的压缩性相关的物性参数、比定容热容、生成热和与熵相关的常数，这些物性参数的拟合方法将在 2.2 节具体讨论。

2.1.2　模型的数学性质

为了方便研究模型(2.1)的数学性质，这里只考虑它的一维形式，由于方程组右端的非微分源项对方程的性质没有影响，在此一并省略，将方程重写为原始变量的形式：

$$\frac{\partial \boldsymbol{W}}{\partial t} + \boldsymbol{A}\frac{\partial \boldsymbol{W}}{\partial x} = 0 \qquad (2.11)$$

原始变量向量为

$$\boldsymbol{W} = (\alpha_1\rho_1, \cdots, \alpha_K\rho_K, u, p, \alpha_1, \cdots, \alpha_K)^{\mathrm{T}}$$

系数矩阵 $\boldsymbol{A}$ 为

$$\boldsymbol{A} = \begin{bmatrix} u & \cdots & 0 & \alpha_1\rho_1 & 0 & \cdots & 0 \\ \vdots & & \vdots & \vdots & \vdots & & \vdots \\ 0 & \cdots & u & \alpha_K\rho_K & 0 & \cdots & 0 \\ 0 & \cdots & 0 & u & \dfrac{1}{\rho} & \cdots & 0 \\ 0 & \cdots & 0 & \rho c^2 & u & \cdots & 0 \\ \vdots & & \vdots & \vdots & \vdots & & \vdots \\ 0 & \underset{K-2}{\cdots} & 0 & 0 & 0 & \underset{K-2}{\cdots} & u \end{bmatrix} \qquad (2.12)$$

系数矩阵 $\boldsymbol{A}$ 共有 $2K+1$ 个特征值，其中只有三个是不同的：

$$\lambda_1 = u - c,$$
$$\lambda_2 = \lambda_3 = \cdots = \lambda_{2K} = u,$$
$$\lambda_{2K+1} = u + c \qquad (2.13)$$

对应的右特征向量为

$$
\boldsymbol{r}_1 = \begin{bmatrix} -\dfrac{\alpha_1\rho_1}{2c} \\ \vdots \\ -\dfrac{\alpha_K\rho_K}{2c} \\ \dfrac{1}{2} \\ -\dfrac{\rho c}{2} \\ \vdots \\ 0 \end{bmatrix}, \quad
\boldsymbol{r}_2 = \begin{bmatrix} 1 \\ \vdots \\ 0 \\ 0 \\ 0 \\ \vdots \\ 0 \end{bmatrix}, \quad \cdots, \quad
\boldsymbol{r}_{K+1} = \begin{bmatrix} 0 \\ \vdots \\ 1 \\ 0 \\ 0 \\ \vdots \\ 0 \end{bmatrix}, \quad \cdots,
$$

$$
\boldsymbol{r}_{2K} = \begin{bmatrix} 0 \\ \vdots \\ 0 \\ 0 \\ \vdots \\ 1 \end{bmatrix}, \quad
\boldsymbol{r}_{2K+1} = \begin{bmatrix} \dfrac{\alpha_1\rho_1}{2c} \\ \vdots \\ \dfrac{\alpha_K\rho_K}{2c} \\ \dfrac{1}{2} \\ \dfrac{\rho c}{2} \\ \vdots \\ 0 \end{bmatrix} \tag{2.14}
$$

因此，该模型满足双曲形状，但并不是严格双曲形的方程。此模型易于求解，且稳定性强，同样具有易于使用高阶精度格式、准保守性、能够有效捕捉激波和界面等优点；同时，不受特定状态方程的限制，各组分可以有独立的状态方程，方便拓展到包含相态、组分之间的质量传递的相变及化学反应问题。

后文中均考虑的是三组分问题，从而下标 $k=1,2,3$，分别对应参与相变的蒸气组分、液态组分和不参与相变的惰性气体组分。

2.1.3　控制方程的离散与求解方法

不失一般性，以笛卡儿坐标系下的二维问题为例介绍控制方程(2.1)的离散与求解方法。将方程组(2.1)改写成拟守恒的形式：

$$\frac{\partial \boldsymbol{q}}{\partial t} + \frac{\partial \boldsymbol{f}(\boldsymbol{q})}{\partial x} + \frac{\partial \boldsymbol{g}(\boldsymbol{q})}{\partial x} = \boldsymbol{s}(\boldsymbol{q}) \tag{2.15}$$

其中,守恒变量 $\boldsymbol{q}$,通量 $\boldsymbol{f}(\boldsymbol{q})$ 和 $\boldsymbol{g}(\boldsymbol{q})$,以及源项 $\boldsymbol{s}(\boldsymbol{q})$ 分别为

$$\boldsymbol{q} = \begin{bmatrix} \alpha_1\rho_1 \\ \alpha_2\rho_2 \\ \alpha_3\rho_3 \\ \rho u \\ \rho v \\ E \\ \alpha_1 \\ \alpha_2 \end{bmatrix}, \quad \boldsymbol{f}(\boldsymbol{q}) = \begin{bmatrix} \alpha_1\rho_1 u \\ \alpha_2\rho_2 u \\ \alpha_3\rho_3 u \\ \rho u^2 + p \\ \rho v u \\ (E+p)u \\ \alpha_1 u \\ \alpha_2 u \end{bmatrix}, \quad \boldsymbol{g}(\boldsymbol{q}) = \begin{bmatrix} \alpha_1\rho_1 v \\ \alpha_2\rho_2 v \\ \alpha_3\rho_3 v \\ \rho u v \\ \rho v^2 + p \\ (E+p)v \\ \alpha_1 v \\ \alpha_2 v \end{bmatrix}, \quad \boldsymbol{s}(\boldsymbol{q}) = \begin{bmatrix} 0 \\ 0 \\ 0 \\ 0 \\ 0 \\ 0 \\ \alpha_1 \nabla \cdot \boldsymbol{u} \\ \alpha_2 \nabla \cdot \boldsymbol{u} \end{bmatrix} \tag{2.16}$$

其中,体积分数输运方程可改写为如下等价形式:

$$\frac{\partial \alpha_k}{\partial t} + \nabla \cdot (\alpha_k \boldsymbol{u}) = \alpha_k \nabla \cdot \boldsymbol{u}, \quad k = 1, 2 \tag{2.17}$$

接下来,将式(2.15)在均匀笛卡儿网格上进行离散,为了在满足高精度的同时保证多相多组分系统的离散守恒性,本书采用有限体积方法进行方程组的离散。每一个控制体 $I_{i,j}$ 表示为

$$I_{i,j} = [x_{i-1/2}, x_{i+1/2}] \times [y_{i-1/2}, y_{i+1/2}] \tag{2.18}$$

其中,下标 i 和 j 表示对应 x 和 y 方向相应的单元数,$x_{i\pm1/2}$ 和 $y_{j\pm1/2}$ 分别表示控制体 $I_{i,j}$ 界面所对应的坐标。从而,式(2.15)在控制体 $I_{i,j}$ 上的半离散形式的方程为

$$\frac{\mathrm{d}\overline{\boldsymbol{q}}_{i,j}}{\mathrm{d}t} = \frac{1}{\Delta x}(\hat{\boldsymbol{f}}_{i-1/2,j} - \hat{\boldsymbol{f}}_{i+1/2,j}) + \frac{1}{\Delta y}(\hat{\boldsymbol{g}}_{i,j-1/2} - \hat{\boldsymbol{g}}_{i,j+1/2}) + \overline{\boldsymbol{s}}_{i,j} \tag{2.19}$$

其中,守恒变量 $\overline{\boldsymbol{q}}_{i,j}$ 和源项 $\overline{\boldsymbol{s}}_{i,j}$ 为控制体 $I_{i,j}$ 上的体积平均量,通量 $\hat{\boldsymbol{f}}_{i\pm1/2,j}$ 和 $\hat{\boldsymbol{g}}_{i,j\pm1/2}$ 则是在控制体 $I_{i,j}$ 界面上的平均量。这些平均量精确的表达式为

$$\overline{\boldsymbol{q}}_{i,j} = \frac{1}{\Delta x \Delta y} \int_{y_{j-1/2}}^{y_{j+1/2}} \int_{x_{i-1/2}}^{x_{i+1/2}} \boldsymbol{q}(x, y, t) \mathrm{d}x \, \mathrm{d}y \tag{2.20}$$

$$\hat{\boldsymbol{f}}_{i\pm1/2,j} = \frac{1}{\Delta y} \int_{y_{j-1/2}}^{y_{j+1/2}} \boldsymbol{f}(\boldsymbol{q}(x_{i\pm1/2}, y, t)) \mathrm{d}y \tag{2.21}$$

$$\hat{g}_{i,j\pm1/2} = \frac{1}{\Delta x} \int_{x_{i-1/2}}^{x_{i+1/2}} g(q(x,y_{j\pm1/2},t)) \mathrm{d}x \qquad (2.22)$$

$$\overline{s}_{i,j} = \frac{1}{\Delta x \Delta y} \int_{y_{j-1/2}}^{y_{j+1/2}} \int_{x_{i-1/2}}^{x_{i+1/2}} s(q(x,y,t)) \mathrm{d}x \mathrm{d}y \qquad (2.23)$$

到目前为止,式(2.19)准确成立,而数值离散上需要对上述过程进行近似。

首先进行空间离散近似。为了得到式(2.19)右端项的近似表达式,首先需要得到通量积分项(式(2.21)和式(2.22))和源项积分项(式(2.23))的近似表达式。参考文献[212]和文献[213],综合考虑 WENO-IS 重构格式的精度和计算量,使用两点四阶的高斯积分。具体而言,在每个单元边界增加两个高斯配置点,根据高斯求积公式得到界面通量的近似表达式为

$$\hat{f}_{i\pm1/2,j} \approx \frac{1}{2} \sum_{m=1}^{2} f(q(x_{i\pm1/2}, y_{j_m}, t)) \qquad (2.24)$$

$$\hat{g}_{i,j\pm1/2} \approx \frac{1}{2} \sum_{l=1}^{2} g(q(x_{i_l}, y_{j\pm1/2}, t)) \qquad (2.25)$$

其中,x_{il} 和 y_{jm} 分别为控制体 $I_{i,j}$ 界面上高斯点的 x 和 y 方向的坐标,它们分别为

$$x_{i_l} = x_i + (2l - 3)\frac{\Delta x}{2\sqrt{3}} \qquad (2.26)$$

$$y_{j_m} = y_j + (2m - 3)\frac{\Delta y}{2\sqrt{3}} \qquad (2.27)$$

为了保证源项的数值积分所用的速度与通量的数值积分所用的速度一致,参考 Johnsen 和 Colonius[211] 的作法,用中心型格式近似速度散度:

$$(\alpha_k \nabla \cdot \boldsymbol{u})_{i,j} \approx \alpha_{ki,j} \left(\frac{1}{\Delta x}(\hat{u}_{i+1/2,j} - \hat{u}_{i-1/2,j}) + \frac{1}{\Delta y}(\hat{v}_{i,j+1/2} - \hat{v}_{i,j-1/2}) \right) \qquad (2.28)$$

应该注意到,虽然式(2.28)在形式上只有二阶精度,但除了靠近界面附近以外的区域表达式的误差都是 0。对式(2.28)中界面上的速度分量的值,采用两点高斯求积方法近似,表达式如下:

$$\hat{u}_{i\pm1/2,j} \approx \frac{1}{2} \sum_{m=1}^{2} u(q(x_{i\pm1/2}, y_m, t)) \qquad (2.29)$$

$$\hat{v}_{i,j\pm1/2} \approx \frac{1}{2} \sum_{l=1}^{2} v(q(x_l, y_{j\pm1/2}, t)) \qquad (2.30)$$

其中,x_{il} 和 y_{jm} 的值同式(2.26)和式(2.27)。

接下来,要完成式(2.19)的右端项的近似离散,需要对界面上的每一个高斯点的变量值进行重构。为了在避免数值振荡的同时保证空间离散的精度,本书使用了五阶 WENO-IS 格式重构界面左右两侧的状态量,具体的重构过程可参考文献[213]和文献[214]。利用重构后的界面左、右两侧的状态量值重新表示通量的近似表达式为

$$\hat{\boldsymbol{f}}_{i\pm 1/2,j} \approx \frac{1}{2}\sum_{m=1}^{2}\hat{\boldsymbol{f}}(\boldsymbol{q}^{\mathrm{L}}_{i\pm 1/2,j_m},\boldsymbol{q}^{\mathrm{R}}_{i\pm 1/2,j_m}) \tag{2.31}$$

$$\hat{\boldsymbol{g}}_{i,j\pm 1/2} \approx \frac{1}{2}\sum_{l=1}^{2}\hat{\boldsymbol{g}}(\boldsymbol{q}^{\mathrm{L}}_{i_l,j\pm 1/2},\boldsymbol{q}^{\mathrm{R}}_{i_l,j\pm 1/2}) \tag{2.32}$$

重新表示源项中的速度近似值为

$$\hat{u}_{i\pm 1/2,j} \approx \frac{1}{2}\sum_{m=1}^{2}\hat{u}(\boldsymbol{q}^{\mathrm{L}}_{i\pm 1/2,j_m},\boldsymbol{q}^{\mathrm{R}}_{i\pm 1/2,j_m}) \tag{2.33}$$

$$\hat{v}_{i,j\pm 1/2} \approx \frac{1}{2}\sum_{l=1}^{2}\hat{v}(\boldsymbol{q}^{\mathrm{L}}_{i_l,j\pm 1/2},\boldsymbol{q}^{\mathrm{R}}_{i_l,j\pm 1/2}) \tag{2.34}$$

其中,上标"L"和"R"分别表示从界面左侧和右侧重构的状态量,通量与速度的上标"^"表示使用重构变量表示的函数,这也构成了黎曼问题。

本书选用 HLLC 近似黎曼求解器求解黎曼问题。不失一般性,以 x 方向为例给出了 HLLC 近似黎曼求解器得到数值通量的表达式:

$$\hat{\boldsymbol{f}} = \frac{1+\mathrm{sgn}(s_*)}{2}\big[\boldsymbol{f}^{\mathrm{L}}+s_-(\boldsymbol{q}^{\mathrm{L}}_*-\boldsymbol{q}^{\mathrm{L}})\big]+\frac{1-\mathrm{sgn}(s_*)}{2}\big[\boldsymbol{f}^{\mathrm{R}}+s_+(\boldsymbol{q}^{\mathrm{R}}_*-\boldsymbol{q}^{\mathrm{R}})\big] \tag{2.35}$$

其中,带"*"下标对应的中间区域的状态量为

$$\boldsymbol{q}^{\mathrm{K}}_* = \left(\frac{s^{\mathrm{K}}-u^{\mathrm{K}}}{s^{\mathrm{K}}-s_*}\right)\begin{pmatrix}(\alpha_1\rho_1)^{\mathrm{K}}\\[4pt](\alpha_2\rho_2)^{\mathrm{K}}\\[4pt](\alpha_3\rho_3)^{\mathrm{K}}\\[4pt]\rho^{\mathrm{K}}s_*\\[4pt]\rho^{\mathrm{K}}v^{\mathrm{K}}\\[4pt]E^{\mathrm{K}}+(s_*-u^{\mathrm{K}})\left(\rho^{\mathrm{K}}s_*+\dfrac{p^{\mathrm{K}}}{s^{\mathrm{K}}-u^{\mathrm{K}}}\right)\\[4pt]\alpha_1^{\mathrm{K}}\\[4pt]\alpha_2^{\mathrm{K}}\end{pmatrix} \tag{2.36}$$

其中,上标 K=L 或 R。这里要给出波速 s 的估计值,则可以确定通量计算的近似结果。参考文献[176]和文献[215],给出波速估计值如下:

$$s_- = \min(0, s^L), \quad s_+ = \max(0, s^R) \tag{2.37}$$

其中,s_- 和 s_+ 分别为

$$s^L = \min((\bar{u} - \bar{c}), (u^L - c^L), (u^R - c^R)) \tag{2.38}$$

$$s^R = \max((\bar{u} + \bar{c}), (u^L + c^L), (u^R + c^R)) \tag{2.39}$$

其中,$\bar{u}$ 和 $\bar{c}$ 分别为通过算数平均或 Roe 平均的方法计算得到的黎曼问题左右两侧状态量的平均速度和平均声速,本书选择了 Roe 平均的方式。参考文献[216],给出 s_* 的估计值如下:

$$s_* = \frac{p^L - p^R - \rho^L u^L (s^L - u^L) + \rho^R u^R (s^R - u^R)}{\rho^R (s^R - u^R) - \rho^L (s^L - u^L)} \tag{2.40}$$

上述波速的选择将影响到 HLLC 求解器对激波和接触间断的分辨精度。

参照采用 HLLC 近似黎曼求解器求解数值通量的过程,给出速度源项的黎曼问题求解的函数表达式。由对流方程的数值通量导出 x 方向的速度分量,可以表示为

$$\hat{u} = \frac{1 + \text{sgn}(s_*)}{2} \left[u^L + s_- \left(\frac{s^L - u^L}{s^L - s_*} - 1 \right) \right] +$$
$$\frac{1 - \text{sgn}(s_*)}{2} \left[u^R + s_+ \left(\frac{s^R - u^R}{s^R - s_*} - 1 \right) \right] \tag{2.41}$$

对应的 y 方向的速度分量可以表示为

$$\hat{v} = \frac{1 + \text{sgn}(s_*)}{2} v^L + \frac{1 - \text{sgn}(s_*)}{2} v^R \tag{2.42}$$

对半离散方程(2.19)的时间积分项,本书选用三级三阶显式龙格库塔(Runge-Kutta)方法[217]。对于半离散的方程,从计算步 n 到 $n+1$ 的积分可写为

$$q_{i,j}^{(1)} = q_{i,j}^n + \Delta t L(q_{i,j}^n),$$
$$q_{i,j}^{(2)} = \frac{3}{4} q_{i,j}^n + \frac{1}{4} q_{i,j}^{(1)} + \frac{1}{4} \Delta t L(q_{i,j}^{(1)}),$$
$$q_{i,j}^{n+1} = \frac{1}{3} q_{i,j}^n + \frac{2}{3} q_{i,j}^{(2)} + \frac{2}{3} \Delta t L(q_{i,j}^{(2)}) \tag{2.43}$$

其中,L 为式(2.19)右端项的离散算子,上标(1)和(2)分别代表真实计算步 n 到 $n+1$ 之间的两个虚拟的中间时间步。

2.2　物性参数的计算

本书采用刚性气体状态方程(SG-EOS)进行方程组(2.1)的封闭,状态方程涉及一系列与每一个组分各自的物性有关的参数(包括 γ_k,$p_{\infty,k}$,$c_{V,k}$,q_k 和 q_k'),这些状态参数通常由实验方法确定。以水蒸气和液态水为例,参考文献[177]给出了物性参数的一种计算方法。

确定水蒸气和液态水的物性参数,需要查询实验数据得到其对应的饱和蒸气-压力曲线:$p_{\mathrm{sat,exp}}(T)$,$h_{\mathrm{g,exp}}(T)$,$h_{\mathrm{l,exp}}(T)$,$\rho_{\mathrm{g,exp}}(T)$,$\rho_{\mathrm{l,exp}}(T)$,以及水蒸气的潜热曲线 $L_{\mathrm{exp}}(T)=h_{\mathrm{g,exp}}(T)-h_{\mathrm{l,exp}}(T)$。其中下标"g"和"l"分别对应水蒸气和液态水。

由式(2.7)关于焓的定义式可以得到:

$$c_{p,k}=c_{V,k}=\frac{\mathrm{d}h_k}{\mathrm{d}T},\quad k=\mathrm{g,l}\tag{2.44}$$

从而可以得到比热容在参考状态 0 至参考状态 1 之间的线性近似值为

$$c_{p,k}=\frac{h_{k,\mathrm{exp}}(T_1)-h_{k,\mathrm{exp}}(T_0)}{T_1-T_0},\quad k=\mathrm{g,l}\tag{2.45}$$

则得到在选定的参考状态 0 下的参考能量为

$$q_k=h_{k,\mathrm{exp}}(T_0)-c_{p,k}T_0,\quad k=\mathrm{g,l}\tag{2.46}$$

然后,由饱和蒸气-压力实验曲线 $p_{\mathrm{sat,exp}}(T)$,可得密度的表述为

$$\rho_k(T)=\frac{p_{\mathrm{sat}}(T)+p_{\infty,k}}{(c_{p,k}-c_{V,k})T},\quad k=\mathrm{g,l}\tag{2.47}$$

对式(2.47)两端取对数,则有

$$\mathrm{dlog}\rho_k(T)=\mathrm{dlog}(p_{\mathrm{sat}}(T)+p_{\infty,k})-\mathrm{dlog}(T),\quad k=\mathrm{g,l}\tag{2.48}$$

对式(2.48)在状态 0 到状态 1 之间进行积分,则有

$$\log\rho_k(T_1)-\log\rho_k(T_0)=\log(p_{\mathrm{sat}}(T_1)+p_{\infty,k})-\log(p_{\mathrm{sat}}(T_0)+p_{\infty,k})-\log(T_1)+\log(T_0)$$

然后对上式进行整理,可以得到参数 $p_{\infty,k}$ 的表达式:

$$p_{\infty,k}=\frac{\rho_k(T_0)p_{\mathrm{sat}}(T_1)T_0-\rho_k(T_1)p_{\mathrm{sat}}(T_0)T_1}{\rho_k(T_1)T_1-\rho_k(T_0)T_0},\quad k=\mathrm{g,l}\tag{2.49}$$

在选定的参考状态 0 下,将 $p_{\infty,k}$ 代入式(2.47),则可得定容比热容 $c_{V,k}$ 的计算式:

$$c_{V,k} = c_{p,k} - \frac{p_{sat}(T_0) + p_{\infty,k}}{\rho(T_0)T_0}, \quad k = g, l \tag{2.50}$$

从而可以得到比热比 γ_k 的计算式：

$$\gamma_k = \frac{c_{p,k}}{c_{V,k}}, \quad k = g, l \tag{2.51}$$

在热力学平衡状态下(饱和蒸气-压力曲线上)，蒸气组分与液态组分的吉布斯自由能相等($g_g = g_l$)，从而由定义式(2.9)有

$$
\begin{aligned}
q_g' - q_l' = {} & (c_{p,g} - c_{p,l})(1 - \log T) + (q_g - q_l)/T + \\
& (c_{p,g} - c_{V,g})\log(p + p_{\infty,g}) - (c_{p,l} - c_{V,l})\log(p + p_{\infty,l})
\end{aligned}
\tag{2.52}
$$

为了方便，将 q_l' 的值取为 0，从而由上式可以得到 q_g' 的近似值。至此，得到了所有与 SG-EOS 有关的水蒸气和液态水的状态参数的计算式。类似地，可以通过其他物质的饱和蒸气压力实验曲线计算相关的物性参数。

使用上述方法，并参考文献[176]，可以得到水蒸气、液态水和不参与相变的惰性气体(空气)的状态参数，见表 2.1。

表 2.1　各组分刚性气体方程状态参数

组　　分	γ	p_∞/Pa	$c_{V,k}$ /(J/(kg・K))	q_k/(J/kg)	q_k'/(J/(kg・K))
水蒸气	1.327	0	1200	1.995×10^6	2.41×10^3
液态水	2.057	1.066×10^9	3449	-1.995×10^6	3.578×10^4
惰性气体	1.4	0	1004	0	0

2.3　空化相变模型

为了实现空化过程的数值模拟，本书分别针对纯净液体内的均质成核空化和壁面附近的异质成核空化现象建立了空化压力模型，并给出了相变过程的数值求解方法。

2.3.1　均质/异质成核空化模型

1. 均质空化模型

假设纯净液体各向同性，其可以承受极大的拉力，液体的状态可以远远

偏离饱和蒸气压力曲线进入亚稳态。由经典成核理论可知,在常温下,纯净的水可以承受高达 100 MPa 的负压。达到亚稳态液体可以承受的极限压力称为"空化压力"。以水为例,其空化压力与温度大体呈线性变化关系。因此,通过对空化压力曲线进行线性拟合,可以得到数值均质空化压力模型,

$$p_{\text{homogenous}}(T) = p_{\text{ref},1} + (p_{\text{ref},0} - p_{\text{ref},1}) \frac{T - T_{\text{ref},1}}{T_{\text{ref},0} - T_{\text{ref},1}} \qquad (2.53)$$

其中,T 为流体温度,$T_{\text{ref},1}$ 和 $T_{\text{ref},2}$ 以及 $p_{\text{ref},1}$ 和 $p_{\text{ref},2}$ 分别为两个参考状态的温度和压力,这里选择的两个参考状态为 273.15 K 和 288.15 K 以及 -115.0 MPa 和 -100.0 MPa[218-219]。

在数值计算过程中,一旦液体的压力 $p(T)$ 低于 $p_{\text{homogenous}}(T)$,流体达到均质空化条件就会状态发生改变。

2. 异质空化模型

当液体与壁面相接触时,受壁面湿润性的影响,壁面附近的液体无法承受像各向同性纯净液体那样能承受的巨大拉力,从而更容易达到空化条件,发生异质空化。参考 1.5.2 节可知异质空化压力 $p_{\text{homogenous}}(T)$ 与均质空化压力 $p_{\text{homogenous}}(T)$ 之间存在着函数关系:

$$(p' - p_{\text{heterogenous}})^2 = (p' - p_{\text{homogenous}})^2 \frac{(2 - \cos\xi_{\text{stat}})(1 + \cos\xi_{\text{stat}})^2}{4}$$

$$(2.54)$$

其中,$p'(T)$ 为饱和蒸气压力,ξ_{stat} 为壁面与液滴之间的静态接触角。由式(2.54)可知,在任意温度下,流体的均质空化压力与饱和状态压力的差值 $(p' - p_{\text{homogenous}})$,与壁面异质空化压力和饱和状态压力的差值 $(p' - p_{\text{heterogenous}})$ 之间存在着一个与壁面接触角相关的比例系数。图 2.1 给出了两个差值之间的比例系数随接触角的变化曲线。从而,可以得到壁面异质空化压力模型,一旦壁面附近的液体的压力 $p(T)$ 低于 $p_{\text{heterogenous}}(T)$,则达到异质空化条件,状态发生改变。

图 2.1 表明,随着接触角的增大,$(p' - p_{\text{homogenous}})$ 与 $(p' - p_{\text{heterogenous}})$ 比例进一步增大。本书中为了综合考虑壁面湿润性与粗糙度的影响,对于考虑壁面异质空化过程的工况(第 5 章),认为接触角为 150°。由图 2.1 可以看到,当 $\xi_{\text{stat}} = 150°$ 时,$(p' - p_{\text{homogenous}})$ 与 $(p' - p_{\text{heterogenous}})$ 之比约为 1/9,即此时两者之比相差约一个量级。

除了液相向气相转变的空化过程,本书还考虑了空化泡溃灭导致的气相向液相转变的冷凝过程,计算中通过 $p(T) > p_{\text{sat}}(T)$ 的条件实现。

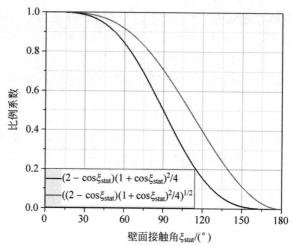

图 2.1 $(p' - p_{\text{homogenous}})$ 与 $(p' - p_{\text{heterogenous}})$ 之间的比例系数随接触角的变化

2.3.2 相变过程的数值求解

一旦当前流体状态满足了相变条件,则相变过程被触发,需要对方程组(2.1)中的相变源项: $\dot{S}_{\rho,k}$ 和 $\dot{S}_{a,k}$ 进行求解,其表达式分别为

$$\dot{S}_{\rho,1} = \dot{m} = v(g_2 - \mu_1), \quad \dot{S}_{\rho,2} = -\dot{m} = v(\mu_1 - g_2), \quad \dot{S}_{\rho,3} = 0$$

$$(2.55)$$

$$\dot{S}_{a,1} = \frac{\dot{m}}{\rho_1} = \frac{v}{\rho_1}(g_2 - \mu_1), \quad \dot{S}_{a,2} = \frac{\dot{m}}{\rho_2} = \frac{v}{\rho_2}(\mu_1 - g_2) \tag{2.56}$$

其中,$v(v \geqslant 0)$ 为化学势松弛因子;g_2 为液相组分的吉布斯自由能;μ_1 为蒸气相组分的化学势;ρ_k 为一个与密度同量纲的参数,其具体表达式可以参见文献[220]和文献[221]。通常认为空化相变的时间尺度远小于流动过程的时间尺度[176],因此在求解过程中,可以忽略相变所用的时间,而认为相变过程在瞬间完成,从而可以认为 v 趋于无穷。

对任一计算单元每个时间步的相变过程的数值求解,可以简化为求解如下常微分方程组:

$$\frac{\mathrm{d}a_1\rho_1}{\mathrm{d}t} = v(g_2 - \mu_1),$$

$$\frac{\mathrm{d}a_2\rho_2}{\mathrm{d}t} = v(\mu_1 - g_2),$$

$$\frac{\mathrm{d}\alpha_3\rho_3}{\mathrm{d}t} = 0,$$

$$\frac{\mathrm{d}(\rho\boldsymbol{u})}{\mathrm{d}t} = 0,$$

$$\frac{\mathrm{d}E}{\mathrm{d}t} = 0,$$

$$\frac{\mathrm{d}\alpha_1}{\mathrm{d}t} = \frac{v}{\rho_1}(g_2 - \mu_1),$$

$$\frac{\mathrm{d}\alpha_2}{\mathrm{d}t} = \frac{v}{\rho_2}(\mu_1 - g_2) \tag{2.57}$$

常微分方程组(2.57)又称为"化学势松弛算子"[176],下面详细给出该算子的求解过程。

首先,设定相变过程中控制体内蒸气组分质量的上下界。下界值为 0,考虑数值稳定性将其设定为一个小量:

$$(\alpha_1\rho_1)_{\min} = \zeta \tag{2.58}$$

其中,ζ 为一个极小的常数,通常取 10^{-6}。对于每个时间步,参与相变的两个组分的总体质量 W 守恒:

$$\alpha_1\rho_1 + \alpha_2\rho_2 = W \tag{2.59}$$

由于 $E = \sum_{k=1}^{3}\alpha_k\rho_k e_k + \frac{1}{2}\rho\boldsymbol{u}^2$,结合内能的定义式(2.5)有

$$\rho e - \sum_{k=1}^{K}\alpha_k\rho_k q_k = \rho e - \alpha_1\rho_1 q_1 - Wq_2 + \alpha_1\rho_1 q_2 = \sum_{k=1}^{K}\alpha_k\frac{p + \gamma_k p_{\infty,k}}{\gamma_k - 1} \geqslant 0 \tag{2.60}$$

为了方便表达,下文中统一用变量 $\Psi = \sum_{k=1}^{3}\alpha_k(p + \gamma_k p_{\infty,k})/(\gamma_k - 1)$ 代表该部分能量。由 $\Psi \geqslant 0$ 可以得到蒸气组分在相变过程中单位体积质量的上界值为

$$(\alpha_1\rho_1)_{\max} = \min\left\{W - \zeta, \frac{\rho e - Wq_2}{q_1 - q_2}\right\} \tag{2.61}$$

如果能将该松弛过程涉及的变量 $\alpha_2\rho_2(\alpha_1\rho_1)$,$\alpha_k(\alpha_1\rho_1)$,$p(\alpha_1\rho_1)$,$T(\alpha_1\rho_1)$,$g_k(\alpha_1\rho_1)$ 和 $\mu_1(\alpha_1\rho_1)$ 都表示为 $\alpha_1\rho_1$ 的函数,就可以依据热力学平衡条件($\mu_1 = g_2$)建立函数

$$f_\mu(\alpha_1\rho_1) = \bar{\mu}_1(\alpha_1\rho_1) - \bar{g}_2(\alpha_1\rho_1) \tag{2.62}$$

则可以认为松弛算子(2.57)本质上是在寻找 $f_\mu(\alpha_1\rho_1)=0$ 在区间 $[(\alpha_1\rho_1)_{\min}, (\alpha_1\rho_1)_{\max}]$ 上的解。其中,带上横线的参数对应当前时间步松弛过程的任一中间状态,依据蒸气组分的化学势 μ_1 和液相组分的吉布斯自由能 g_2 的定义式可以将它们重新表示为

$$\bar{\mu}_1(\alpha_1\rho_1) = \bar{g}_1(\alpha_1\rho_1) + (\gamma_1 - 1)c_{V,1}\overline{T}(\alpha_1\rho_1)\log\left(\frac{\bar{a}_1(\alpha_1\rho_1)}{1 - \bar{a}_2(\alpha_1\rho_1)}\right)$$

$$(2.63)$$

$$\bar{g}_k(\alpha_1\rho_1) = (c_{V,k}\gamma_k - q'_k)\overline{T}(\alpha_1\rho_1) -$$

$$c_{V,k}\overline{T}(\alpha_1\rho_1)\log\left(\frac{\overline{T}^{\gamma_k}(\alpha_1\rho_1)}{(\bar{p}(\alpha_1\rho_1) + p_{\infty,k})^{\gamma_k - 1}}\right) + q_k \qquad (2.64)$$

从而,通过迭代的方法(例如本书所使用的二分法)就可以得到 $f_\mu(\alpha_1\rho_1) = 0$ 在给定区间上的解。

下面给出变量 $\alpha_2\rho_2(\alpha_1\rho_1)$, $\alpha_k(\alpha_1\rho_1)$, $p(\alpha_1\rho_1)$ 和 $T(\alpha_1\rho_1)$ 的函数表达式。首先,根据式(2.59),$\alpha_2\rho_2 = W - \alpha_1\rho_1$。又由各组分间温度平衡关系有

$$\frac{p + p_{\infty,1}}{\rho_1 c_{V,1}(\gamma_1 - 1)} = \frac{p + p_{\infty,2}}{\rho_2 c_{V,2}(\gamma_2 - 1)} = \frac{p + p_{\infty,3}}{\rho_3 c_{V,3}(\gamma_3 - 1)} \qquad (2.65)$$

从而,得到组分的体积分数 $\alpha_k(k=2,3)$ 的表达式:

$$\alpha_2 = \alpha_1\frac{\omega_2}{\omega_1}\frac{p + p_{\infty,1}}{p + p_{\infty,2}} \qquad (2.66)$$

$$\alpha_3 = \alpha_1\frac{\omega_3}{\omega_1}\frac{p + p_{\infty,1}}{p + p_{\infty,3}} \qquad (2.67)$$

其中,ω_k 为

$$\omega_k = \alpha_k\rho_k c_{V,k}(\gamma_k - 1), \quad k = 1,2,3 \qquad (2.68)$$

由于 $\alpha_2\rho_2$ 已知,且在相变过程中 $\alpha_3\rho_3$ 不变,从而 ω_k 均为已知量。由体积分数的归一化约束 $\sum_{k=1}^{3}\alpha_k = 1$,可以得到

$$\alpha_1 = \frac{1}{\sum\limits_{k=1}^{3}\left(\dfrac{\omega_k}{\omega_1}\dfrac{p + p_{\infty,1}}{p + p_{\infty,k}}\right)} \qquad (2.69)$$

此外,由于总能量 E 守恒,则变量 $\Psi = E - \dfrac{1}{2}\rho\boldsymbol{u}^2 - \sum\limits_{k=1}^{3}\alpha_k\rho_k q_k$ 可知。改写变量 Ψ 的表达式可得

$$\sum_{k=1}^{3}\alpha_k\left(\frac{p + \gamma_k p_{\infty,k}}{\gamma_k - 1} - \Psi\right) = 0 \qquad (2.70)$$

代入式(2.66)、式(2.67)可得

$$\sum_{k=1}^{3}\left[\alpha_1\,\frac{\omega_k}{\omega_1}\,\frac{p+p_{\infty,1}}{p+p_{\infty,k}}\left(\frac{p+\gamma_k p_{\infty,k}}{\gamma_k-1}-\Psi\right)\right]=0 \qquad (2.71)$$

进一步将表达式 $\omega_1=\alpha_1\rho_1 c_{V,1}(\gamma_1-1)$ 代入式(2.71)可得

$$\sum_{k=1}^{3}\left[\frac{p+p_{\infty,1}}{\rho_1 c_{V,1}(\gamma_1-1)}\,\frac{\omega_k}{p+p_{\infty,k}}\left(\frac{p+\gamma_k p_{\infty,k}}{\gamma_k-1}-\Psi\right)\right]=0 \qquad (2.72)$$

提取式(2.72)左端各项中共同的因子:

$$\frac{p+p_{\infty,0}}{\rho_0 c_{V,0}(\gamma_0-1)}=T\neq 0 \qquad (2.73)$$

该因子正好等于状态方程中温度的表达式,由于温度不可能为 0,可以消掉式(2.72)中的这一部分,从而得到只包含一个未知参数 p 的等式:

$$\sum_{k=1}^{3}\left[\frac{\omega_k}{p+p_{\infty,k}}\left(\frac{p+\gamma_k p_{\infty,k}}{\gamma_k-1}-\Psi\right)\right]=0 \qquad (2.74)$$

将式(2.74)改写为 p 的多项式:

$$\sum_{k=1}^{3}\left[\omega_k\left(\frac{p+\gamma_k p_{\infty,k}}{\gamma_k-1}-\Psi\right)\prod_{l\neq k}^{3}(p+p_{\infty,l})\right]=0 \qquad (2.75)$$

对于本书所考虑的三组分系统,由于 $p_{\infty,1}=p_{\infty,3}=0$,则式(2.75)可以简化为一元二次方程:

$$A_1 p^2+A_2 p+A_3=0 \qquad (2.76)$$

式中各项对应的系数分别为

$$A_1=\sum_{k=1}^{3}\frac{\omega_k}{\gamma_k-1},$$

$$A_2=\omega_1\left(\frac{p_{\infty,2}+\gamma_1 p_{\infty,13}}{\gamma_1-1}-\Psi\right)+\omega_2\left(\frac{p_{\infty,13}+\gamma_2 p_{\infty,2}}{\gamma_2-1}-\Psi\right)+$$

$$\omega_3\left(\frac{p_{\infty,2}+\gamma_3 p_{\infty,13}}{\gamma_3-1}-\Psi\right),$$

$$A_3=\omega_1 p_{\infty,2}\left(\frac{\gamma_1 p_{\infty,13}}{\gamma_1-1}-\Psi\right)+\omega_2 p_{\infty,13}\left(\frac{\gamma_2 p_{\infty,2}}{\gamma_2-1}-\Psi\right)+$$

$$\omega_3 p_{\infty,13}\left(\frac{\gamma_3 p_{\infty,13}}{\gamma_3-1}-\Psi\right)$$

通过求解一元二次方程(2.76)可以得到 p 的唯一一个具有物理含义的解。再将 p 代入式(2.73),则可以得到温度 T 的值。

至此,在化学势松弛过程中,对于每个中间态(给定一个 $\alpha_1\rho_1$ 的值),实现了对 $\alpha_2\rho_2(\alpha_1\rho_1)$,$\alpha_k(\alpha_1\rho_1)$,$p(\alpha_1\rho_1)$,$T(\alpha_1\rho_1)$,$g_k(\alpha_1\rho_1)$ 和 $\mu_1(\alpha_1\rho_1)$

各变量的求解。从而,可以通过迭代的方法,找出 $\alpha_1\rho_1$ 在区间$[(\alpha_1\rho_1)_{\min},$ $(\alpha_1\rho_1)_{\max}]$内能够使函数满足 $f_\mu(\alpha_1\rho_1)=0$ 的解。该过程的解即相变后对应的相平衡状态,从而实现了对应单元在该时间步的相变过程的数值求解。

2.4　数值方法的验证

2.4.1　单相激波管问题

单相激波管问题,又称为"Sod 问题"[222]。该问题中包含各种波系的演化和间断的运动,故是一个算法测试的经典问题。假设初始时刻在 $x=0$ 处存在一个强间断,间断左右两侧的初始状态如下:

$$\begin{pmatrix} \rho \\ u \\ p \end{pmatrix}_{t=0,\,x\in[-0.5,0.5]} = \begin{cases} (1,0,1)^{\mathrm{T}}, & x<0 \\ (0.125,0,0.1)^{\mathrm{T}}, & x\geqslant 0 \end{cases}$$

计算中网格数取为 400。由初始间断引起的波系演化示意图如图 2.2 所示,图 2.2 的下半部分还给出了分别使用 WENO 和 MUSCL 两种重构法时的数值结果。从图中可以看到,目前的算法可以有效地对激波、接触间断和膨胀波进行捕捉。

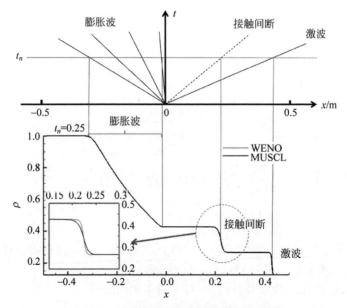

图 2.2　单相激波管问题示意图和数值解

2.4.2　两相激波管问题

进一步考虑两相激波管问题,即气液两相黎曼问题[223]。因为该问题包含两相界面、各种波系和间断的演化和运动,以及可能涉及的相变过程,故是一个用于两相可压缩问题算法测试的经典黎曼问题。

考虑一个长为 1 m 的激波管,初始时刻在 0.75 m 处存在一个强间断,间断左侧充满高压下的液体十二烷,右侧充满常压下的蒸气十二烷,左右两侧的初始状态如下:

$$(\rho_l, u_l, p_l)_{t=0, x \in [0, 0.75]}^{\mathrm{T}} = (500 \ \mathrm{kg/m^3}, 0 \ \mathrm{m/s}, 10^8 \ \mathrm{Pa})^{\mathrm{T}},$$

$$(\rho_v, u_v, p_v)_{t=0, x \in [0.75, 1]}^{\mathrm{T}} = (2 \ \mathrm{kg/m^3}, 0 \ \mathrm{m/s}, 10^5 \ \mathrm{Pa})^{\mathrm{T}}$$

计算中网格数取为 1000。

首先,对于不考虑相变的工况,由初始间断引起的波系演化示意图如图 2.3 所示。从图中可以看到其波系演化结构与 2.4.1 节中的一维激波管的情况类似,存在膨胀波、界面间断和激波。图 2.4 给出了分别使用 WENO 和 MUSCL 两种重构方式的数值结果。可见,目前的算法可以有效地对两相问题中的激波、界面间断和膨胀波进行捕捉。

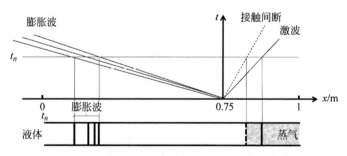

图 2.3　不考虑相变过程的两相激波管问题示意图

接下来,对于考虑相变的工况,由于此时相变在两相界面上发生,即一旦 $p(T) < p_{\mathrm{sat}}(T)$ 则触发相变过程。由初始间断引起的相变和波系演化示意图如图 2.5 所示。从图中可以看到其波系演化结构与不考虑相变的情况有所不同,除了膨胀波、界面间断和激波外,还存在相变区。图 2.6 给出了分别使用 WENO 和 MUSCL 两种重构方法的数值结果。可见,目前的模型可以有效地对两相问题中的激波、界面间断、膨胀波和相变区域进行捕捉。

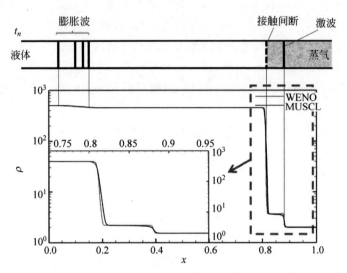

图 2.4 不考虑相变过程的两相激波管问题数值解

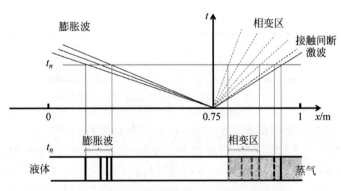

图 2.5 考虑相变过程的两相激波管问题示意图

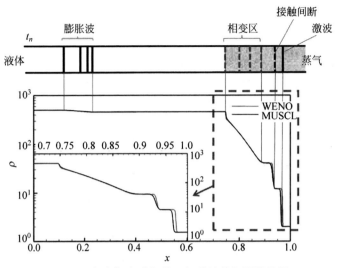

图 2.6　考虑相变过程的两相激波管问题数值解

2.4.3　膨胀空化问题

参考文献[224]，本节研究一个充满液态水的膨胀管中的空化过程。考虑一个长为 1 m 的充满液态水的膨胀管，计算中涉及液态水、水蒸气和初始时刻液态水中存在的少量不参与相变的非冷凝气体三种组分。初始时刻在 0.5 m 处存在一个速度间断，左右两侧的初始状态如下：

$$(\rho_l, u_l, p_l)^T_{t=0,\,x\in[0,0.5]} = (1000 \ \mathrm{kg/m^3}, -10 \ \mathrm{m/s}, 10^5 \ \mathrm{Pa})^T,$$

$$(\rho_l, u_l, p_l)^T_{t=0,\,x\in[0.5,1]} = (1000 \ \mathrm{kg/m^3}, 10 \ \mathrm{m/s}, 10^5 \ \mathrm{Pa})^T$$

计算中网格数取为 1000。

由初始间断引起的相变和波系演化示意图如图 2.7 所示。可见，波系

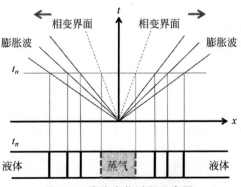

图 2.7　膨胀空化过程示意图

演化结构除了膨胀波外,还存在相变区。图 2.8 给出了 $t=0.23$ ms 时的速度、压力、体积分数分布的数值结果,结果表明,目前的算法可以有效地对膨胀空化问题中的快速相变和界面的演化过程进行模拟。

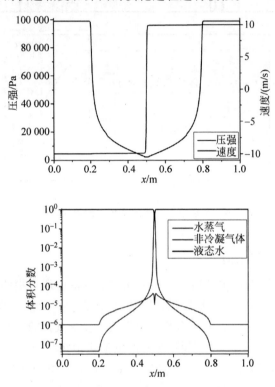

图 2.8　膨胀空化问题数值结果(前附彩图)

2.4.4　二维空泡瑞利溃灭问题

为了验证本书所使用的相变模型与数值过程的有效性与准确性,设置了一个二维蒸气泡瑞利溃灭问题进行数值验证,并与相应的实验与理论结果进行对比[225]。计算参数的设置与文献[226]中的实验相同,图 2.9(a)为一个被液态水包围的初始半径为 58 μm 的水蒸气泡,水蒸气泡内和周围水的初始状态如表 2.2 所示。由于该问题为一个轴对称问题,为了节约计算资源,只选择了四分之一的计算域进行计算,x 轴与 y 轴设置为对称边界,如图 2.9(b)所示。

表 2.2　计算域各物质的初始状态

组　　分	液　态　水	水 蒸 气 泡
温度/K	300	300
压力/Pa	$1.013\,25\times10^5$	2339
声速/(m/s)	1499.9	395.2

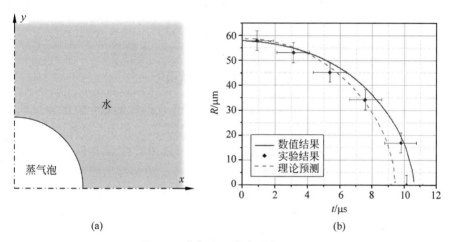

(a)　　　　　　　　　　　　　　(b)

图 2.9　蒸气泡二维瑞利溃灭问题

（a）初始设置示意图；（b）蒸气泡半径随时间的变化曲线的数值模拟结果以及相应的实验结果[226]和理论曲线

图 2.9(b)给出了蒸气泡半径随时间的变化曲线的数值模拟结果,以及相应的实验结果和理论曲线。其中,每个试验点的时间方向的误差为±0.5 μs,经过五次重复实验后,尺寸的误差为±2 μm。图 2.9(b)中给出的理论预测为由经典的三维瑞利溃灭理论[227-229]简化得到的二维瑞利溃灭理论[230-232]计算的结果。

此外,对于三维瑞利溃灭过程,三维瑞利方程可以给出特征溃灭时间的理论表达式,该特征溃灭时间也称为"瑞利时间"($\tau_{c\_R}^{3D}$)[228]。瑞利时间即空泡第一次从其最大半径溃灭并坍缩到最小半径的时刻,具体表达式为

$$\tau_{c\_R}^{3D}=0.915R_{max}\sqrt{\frac{\rho_1}{p_1-p_c}} \tag{2.77}$$

其中,ρ_1、p_1 和 p_c 分别为初始时刻液体的密度、液体的压力和蒸气泡内的压力,R_{max} 则为初始时刻蒸气泡的最大半径。参考文献[226],可以得到针对二维瑞利溃灭问题的瑞利溃灭时间($\tau_{c\_R}^{2D}$)为

$$\tau_{c\_R}^{2D} \sim \tau_{c\_R}^{3D} \left[\log(R_\infty/R_{max})\right]^{1/2} \qquad (2.78)$$

其系数可以近似为$\left[\log(R_\infty/R_{max})\right]^{1/2} \sim 1.5$，从而可以实现$\tau_{c\_R}^{2D}$的理论估算。这个值即对应了图 2.9(b)中蒸气泡半径随时间的变化曲线与横坐标相交的值。

从图 2.9(b)中可以看到，仿真结果与实验结果和理论预测曲线均能较好地吻合，因而本书所建立的数学模型和数值计算方法能够有效并准确地模拟气泡溃灭问题。

2.5　本章结论

本章介绍了描述考虑相变的可压缩两相流动问题的数学模型和数值方法，包含物性参数的计算、均质/异质空化模型的设定和相变过程的求解。

针对高速液滴撞壁过程的求解需求，本书采用欧拉-欧拉框架下的包含空化相变模型的三组分两相可压缩模型，在考虑两相可压缩性的同时结合空化相变模型实现界面的输运、变形和相间传递导致的界面涨落过程的有效捕捉。本书基于有限体积方法，采用了算子分裂法对流动项与相变源项分别求解。采用三级三阶显式的 Runge-Kutta 方法进行时间项的离散，空间离散使用五阶 WENO 格式进行重构，并结合 HLLC 近似黎曼求解器求解黎曼问题。对于相变源项，利用基于经典成核理论的均质和异质空化模型来确定空化发生条件，使用考虑快速相变机制的化学势松弛平衡过程进行求解。

经典算例表明，本书数值模型与求解方法在有效捕捉各种间断和波系的同时很好地保证了计算稳定性，还可以有效地模拟相变空化中的两相界面的涨落过程，这为考虑空化过程的高速液滴撞壁问题的研究提供了可靠的数值计算平台。

第 3 章　高速液滴撞击刚性水平壁面

基于第 2 章发展的可压缩两相流模型和相变空化模型,本章针对高速液滴撞击刚性水平壁面的动力学过程进行精细化数值模拟,揭示该过程的液滴内在瞬变物理机制并对初始速度、液滴物性等参数的影响规律进行了研究。

3.1　物　理　模　型

液滴与刚性水平壁面撞击问题的物理模型基本设置如图 3.1 所示[218-219]。为了与 Field[90] 的实验结果相比较,这里选取了截面直径 $D_0(D_0 = 2R_0)$ 为 10 mm 的准二维液柱,截面圆心 C、初始撞击点 O(坐标原点)、液柱上极点 TP 和液柱下极点 BP 位置标识在图 3.1 中。液柱以垂直于刚性平面的速度向下撞向壁面,初始撞击速度 v_0 在 50~200 m/s 变化。雷诺数(Re)、韦伯数(We)和弗劳德数(Fr)分别用来衡量黏性力、表面张力和重力相对于惯性力的大小,表达式如下:

$$Re = \frac{\rho_0 D_0 v_0}{\mu} \tag{3.1}$$

$$We = \frac{\rho_0 D_0 v_0^2}{\sigma} \tag{3.2}$$

$$Fr = \frac{v_0^2}{g D_0} \tag{3.3}$$

其中,ρ_0,μ,σ 和 g 分别代表初始时刻液体的密度、液体的动力黏性系数、表面张力系数和重力加速度。当液滴的初始撞击速度 v_0 为 50 m/s 时,对应的 Re,We 和 Fr 分别约为 5.8×10^5,3.4×10^5 和 2.5×10^4;当液滴初始速度增大时,这些无量纲数更大。因此,参照 Kondo 和 Ando 的研究[100],本章研究中的黏性效应、表面张力效应和重力作用均可以忽略不计。

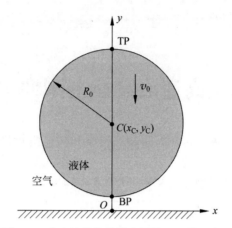

图 3.1　实心液滴高速撞击刚性平面的示意图

3.2　数值结果验证

本书计算中将刚性固壁设置为绝热滑移边界,其余边界均采用 Thompson[233] 给出的无反射边界条件。对于水滴算例,水滴与周围空气的初始温度均为 300 K,初始压力(p_i)均为 1 个大气压(101325 Pa)。

计算域网格为均匀分布的矩形网格,所有算例的 CFL 数统一设置为 0.4。

3.2.1　网格敏感性分析

本节首先进行网格敏感性分析。计算选取了三种不同尺度的网格,网格数量分别为 30 万(网格尺度Ⅰ)、120 万(网格尺度Ⅱ)和 270 万(网格尺度Ⅲ),单位液滴直径所对应的网格分别为 500,1000 和 1500。

图 3.2 给出了同一时刻三种不同的网格尺度下水柱以 150 m/s 的初始速度撞击刚性水平壁面时的数值模拟结果。图 3.2(a)为相同时刻不同网格尺度下的压力云图(左半侧)和数值纹影图(右半侧),左半侧为用初始压力 p_i 无量纲后的压力云图,其中气液界面通过空气的体积分数等值线标识(黑色实线),右半侧为数值纹影图。图 3.2(b)给出了该时刻不同网格尺度下壁面上的压力分布曲线 $p(x, Y_{wall})$、y 轴上的压力分布曲线 $p(X_{center}, y)$ 和 Y_{shock} 处压力分布曲线 $p(x, Y_{shock})$。这里 Y_{shock} 为该时刻水锤激波与液柱表面交点的 y 坐标值。

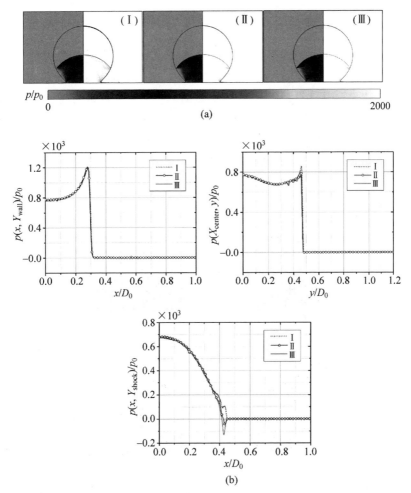

图 3.2　三种不同网格尺度下相同时刻($t/(D_0/c_1)=0.5$)的数值结果对比（前附彩图）

（a）压力云图与密度纹影图；（b）压力分布曲线图

　　从云图可以看到,在三种网格尺度下均能很好地分辨撞击壁面后产生的水锤激波结构,压力曲线的分布结果也可以清楚地观察到由于激波的存在而引起的压力阶跃。在三种不同的网格尺度下,数值模拟得到的压力云图、纹影图和压力分布曲线均非常相似,网格尺度 I 的结果存在较小的偏差,另外两个更精细的网格尺度的结果也能够很好地吻合。

　　因此,综合考虑计算效率与分辨率,最终选择网格尺度 II 进行所有工况的计算。

3.2.2　实验比照

　　为了与 Field[90] 的实验结果相比较,这里把液滴的初始速度 v_0 设为 110 m/s,进行数值模拟。图 3.3 比较了液滴撞击壁面过程的数值模拟结果与实验结果。其中,实验图像为纹影图,两幅图片之间的时间间隔约为 1 μs。数值结果的左半侧为压力云图,其中黑色实线为空气的体积分数等值线(图 3.3(j)中的白色实线为水蒸气体积分数等值线);右半侧为数值纹影图。数值结果对应时间序列为:(a)0.0 μs,(b)1.0 μs,(c)2.0 μs,(d)3.0 μs,(e)4.0 μs,(f)5.1 μs,(g)6.2 μs,(h)6.7 μs,(i)7.5 μs,(j)8.7 μs,(k)10.0 μs,(l)10.3 μs 和(m)10.6 μs。

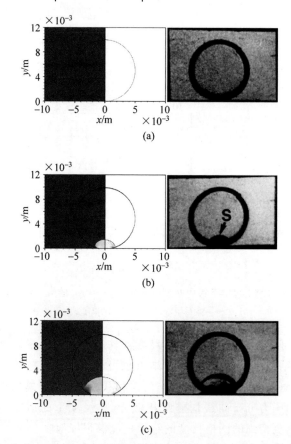

图 3.3　液柱以初始速度 110 m/s 撞击刚性壁面的数值结果和实验纹影结果(前附彩图)

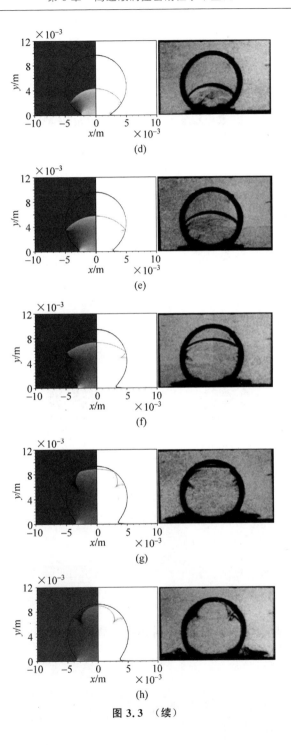

图 3.3 （续）

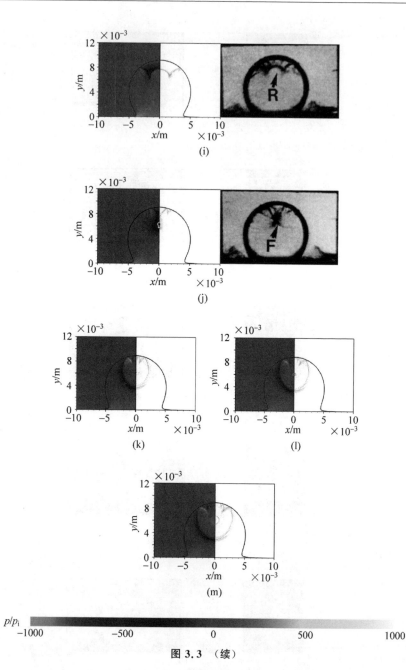

图 3.3 （续）

　　初始时刻 t_0 为液柱恰好与壁面碰撞的时刻,即液柱下极点 BP 与坐标原点 O 重叠的时刻,对应图 3.3(a)。当液滴与壁面高速碰撞时,由于撞击引起的流体压力突升使液滴内部产生了一道水锤激波(在实验图片中以 S 标识),如图 3.3(b)所示。随后,水锤激波逐渐扫过整个液柱,如图 3.3(c)～(g)所示。最终,激波到达液柱上极点 TP,如图 3.3(g)所示。水锤激波向远离壁面的方向运动的同时不断与液柱表面相互作用,并在液柱表面发生反射与透射。由于界面两侧液态水与空气介质的声阻差异(液态水的声阻远大于空气的声阻),液柱内部的反射波为稀疏波(在实验图片中以 R 标识),空气侧的透射波仍为激波(由于空气侧的透射激波强度相对较弱,在实验结果中难以观测,同时其对液滴的动力学行为影响很小,因此在本书中不予以分析讨论)。如图 3.3(i)所示,由于液柱的表面为圆弧形,反射稀疏波趋向于在液柱内部汇聚。反射稀疏波的汇聚效应使汇聚处的当地流体压力急剧下降,一旦当地压力低于均质成核空化压力条件($p_{\text{homogenous}}$),将会触发当地急剧的相变行为发生空化现象。如实验结果中给出的最后一幅图(图 3.3(j))所示,反射稀疏波的汇聚诱发了一个局部空化区域(在实验图片中以 F 标识)。与之对应的,图 3.3(j)左侧的数值结果中也以水蒸气的体积分数等值线标出了对应的空化区域。后文将进一步对反射稀疏波的产生、反射和汇聚行为等进行详细的讨论与分析。

　　除此之外,数值模拟还进一步成功地预测了空化泡产生后的演化行为。如图 3.3(k)～(m)所示,随着液滴的继续撞击,液滴内部的空化泡发生溃灭。其中,图 3.3(k)对应于空化泡恰好完全溃灭时刻的流场,而由图 3.3(l)和图 3.3(m)可以看到由于空化泡溃灭产生的一道逐渐向外扩张的圆形激波。关于空化泡的溃灭机制和溃灭压力波的演化过程将在后文详细讨论。

　　总体而言,数值模拟结果完整地展示了高速液滴撞壁过程的物理图像,并且与实验结果吻合良好。因此,本书的数学模型和数值程序可以实现对高速液滴撞壁过程的有效模拟,实验结果还表明,本书使用的数值方法可以有效预测空化泡的产生,并能有效地模拟空化泡溃灭过程。

3.3 液滴内部流场与波系演化规律

本节将对撞壁液滴内部的流场特性和波系的演化规律进行详细分析。本节的分析针对 3.2.2 节以初始速度 110 m/s 撞击壁面的液柱的数值模拟结果。

为了更好地理解和分析流场的时空演化,将撞击过程分为四个阶段,分别为第一阶段(水锤激波的产生和脱离)、第二阶段(激波的运动与反射)、第三阶段(反射波的汇聚与空化泡产生)和第四阶段(空化泡溃灭),阶段划分的主要依据:水锤激波的产生、运动和内部空化泡的产生、溃灭等流动特性。第一阶段对应图 3.3(a)和(b);第二阶段对应图 3.3(b)~(h);第三阶段对应图 3.3(h)~(j);第四阶段对应图 3.3(j)~(m)。

分析中将使用无量纲时间 t^*,其为物理时间 t 与特征时间 τ 的比值,即 $t^*=t/\tau$。特征时间 τ 定义为初始时刻液滴直径与液体声速的比值,即 $\tau=D_0/c_1$。类似地,流场压力将使用初始压力 p_i 进行无量纲化。图 3.4 展示了与图 3.3 相对应的各个时刻的沿 y 轴的无量纲压力分布。其中,图 3.4(a)对应图 3.3(b)~(h),即水锤激波的产生至扫过整个液柱的过程(第一阶段与第二阶段);图 3.4(b)对应图 3.3(i)~(m),即水锤激波被完全反射后的流动过程(第三阶段与第四阶段)。

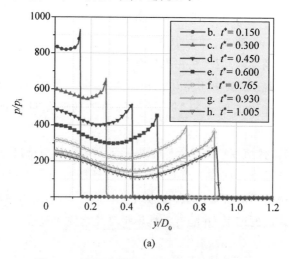

(a)

图 3.4　不同时刻的沿 y 轴的压力分布曲线

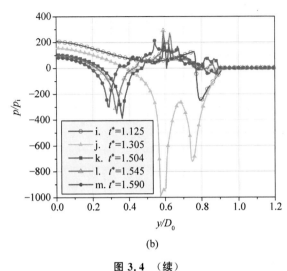

(b)

图 3.4　（续）

3.3.1　第一阶段——水锤激波的产生和脱离

第一阶段(初始阶段)开始于 t_0，结束于水锤激波脱离壁面的时刻。将液滴与壁面碰撞后接触区域记为 $\overline{AA'}$，A 与 A' 分别为接触区域两侧的端点。在初始时刻 t_0，端点 A 与 A' 重合。此外，考虑到问题的对称性，接下来仅对左半侧液滴进行分析。

一旦液柱与壁面发生接触，随着碰撞过程的继续，接触区端点 A 将沿着碰撞平面(x 轴)以速度 v_A 移动。这里的接触区端点夹角 θ 定义为固体壁面与液柱在接触区端点 A 处切线之间的夹角，即图 1.4 所示接触角 ξ 的补角，下文简称"夹角 θ"。在初始时刻 t_0，夹角 θ 的值为 0，同时端点 A 的速度 v_A 远大于当地液体的声速(初始时刻 v_A 趋于无穷)。借助惠更斯原理[86]，在液滴与壁面碰撞的过程中，任意时刻沿壁面不断铺展的液滴与壁面接触区域端点 A 处会产生一个以当地声速向外运动的弧形小波，小波以内区域为受撞击影响区域而小波之外的区域则为未受扰动区域。由于在碰撞的最开始阶段小波运动的速度(当地声速)有限而 v_A 极大，v_A 的值大于小波的运动速度，这就意味着这些小波的运动速度无法超越小波的产生速度。

这些小波的包络线即构成了水锤激波的波面，表示为 S_t，如图 3.5(a) 所示。由于这个水锤激波在液滴内部，故又将该激波称为"受限激波"[109]。第一阶段，由于小波的运动速度无法超越端点 A 的运动速度，受限激波的

末端点 P_e 始终与接触区端点 A 重合,即受限激波的末端始终附着于壁面上。任意时刻的液滴以激波面 S_t 为基准被分为两个区域:一个为激波后被小波扫过的压缩流体区域,另外一个为激波前未被压缩的流体区域。在此阶段,可以认为液滴的形状近似于一个被削掉底部的圆柱。

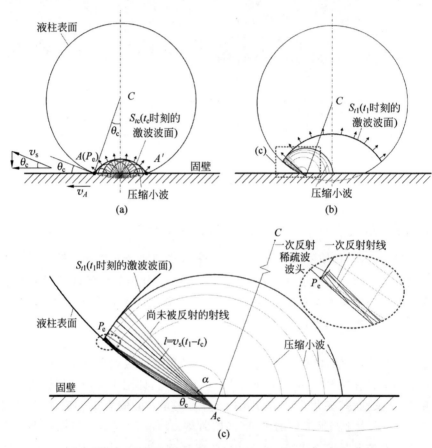

图 3.5　高速液滴撞击过程中受限激波的产生与运动的分析示意图

(a) 临界时刻 t_c 的示意图;(b) 临界时刻之后,时刻 t_1 的示意图;(c) t_1 时刻示意图的局部放大图(线段 $\overline{CA_c}$ 为圆心 C 与临界端点 A_c 的连线)

随着液滴的持续碰撞,v_A 的值逐渐减小,最终 P_e 点的 x 方向速度分量会大于 v_A,此时受限激波的末端将脱离固壁。将受限激波正好与壁面脱离的时刻定义为"临界时刻 t_c",在临界时刻 t_c,对应的夹角为临界夹角 θ_c,对应的接触区端点称为"临界端点 A_c",如图 3.5(a)所示。参考 Rein[105]

的研究,可以得到临界时刻的夹角关系式如下:

$$\tan\theta_c = \frac{v_0}{v_{A,c}} = \frac{v_0}{\sqrt{v_s^2 - v_0^2}} \tag{3.4}$$

其中,$v_{A,c}$ 为点 A_c 的速度,v_s 为点 P_e 的绝对速度。参考 Heymann[82] 的结论(式(1.5)),可以得到 v_s 的近似表达式:

$$v_s = c_0 + \chi v_0 \tag{3.5}$$

其中,c_0 为未受扰动区域的液体声速,χ 为一常数,取决于液体物质。对于水,Heymann[82] 认为它的值为 2.0,Haller[91] 则认为其值为 1.921。本书采用 Heymann[82] 的结果。当 $v_0 = 110$ m/s 时,由式(3.4)可以得到,θ_c 的值约为 3.6°。此外,参考 Heymann[82] 的理论估算,可以得到,初始时刻 t_0 撞击点 O 处的水锤激波压力 p_h,

$$p_h \approx \rho_0 v_0 v_s \tag{3.6}$$

其中,v_s 即由式(3.5)得到的水锤激波的运动速度。

至临界时刻 t_c,液滴撞击壁面过程的第一阶段结束。

3.3.2　第二阶段——激波的运动与反射

在临界时刻 t_c 之后,受限激波脱离固体壁面,并继续向远离固体壁面的方向运动。由于受限激波为扩张型激波,其强度会随着波面的不断扩张而减弱,这也可以从图 3.4(a)中不同时刻沿 y 轴的压力分布曲线得以验证,波后压力随着激波的运动而逐渐下降。

当受限激波末端速度超过端点 A 的速度后,激波一方面继续在液柱内朝着上极点运动,如图 3.5(b)所示,另一方面在液柱的曲形自由表面上发生了反射与透射。如 3.2.2 节提到的,由于液态水的声阻 $\rho_l c_l$ 远大于空气的声阻 $\rho_g c_g$,受限激波在液柱内的反射波为稀疏波,透射波仍然为激波。空气中的透射激波强度相对较弱,在实验结果中难以观察到。

为了深入理解不同类型的波在液滴内部的演化过程,本书利用小波的射线轨迹进行波的运动行为分析。如图 3.5(a)所示,用一系列的朝不同方向发射的射线来表示从每一个撞击点产生的压缩小波的运动。对于任意一个撞击点,这些射线代表了小波波面上波面点的运动轨迹,射线的长度则代表了该时刻该小波的运动距离。同时,假设这些射线到达液柱表面后会在曲面上发生对称反射。在临界时刻 t_c,由临界端点 A_c 所发射出来的小波及其所对应的射线,为最后一个能够赶上并构成受限激波波面的小波和射线。接下来,对这个临界时刻产生的小波及其对应的射线的后续运动行为进行分析,图 3.5(b)给出了 t_1 时刻该小波及其对应射线的运动示意图。

图 3.5(c)是对图 3.5(b)中受限激波与液柱表面相互作用区域的局部放大图,清晰地表达了每一条射线所对应的不同发射角 α。此处,发射角定义为该射线与线段 $\overline{CA_c}$(圆心 C 与临界端点 A_c 的连线)的夹角。这样,就可以利用发射角 α 描述不同的射线,实现对该小波的运动行为的定量分析。所关注的射线的发射角 α 的取值范围为 $[0,\pi/2]$。对于特定的时刻 t_1,临界时刻小波对应的每一条射线的长度为 $l=\int_{t_c}^{t_1} c\,\mathrm{d}t$,其中 c 为当地声速,当取 c 为平均声速时有 $l=\bar{c}(t_1-t_c)$。对于发生反射的射线,此时射线的总长度 l 应为反射前后各段总长度之和。同时,应注意到射线可能发生不止一次的反射行为。对于各条射线在当前时刻是否发生反射,或其已经发生了 N 次反射,都可以由其对应的观测时刻和其对应的发射角 α 加以划分,具体表示如下。

对于从临界端点 A_c 发射出来的射线,如果在 t 时刻该射线未发生发射的,其发射角 α 应满足:

$$\alpha \leqslant \arccos \frac{l}{2R} = \arccos \frac{c(t-t_c)}{2R} \tag{3.7}$$

如果该射线发生了 $N(N=1,2,3,\cdots)$ 次反射,则其发射角 α 应满足:

$$\arccos \frac{c(t-t_c)}{2RN} = \arccos \frac{l/N}{2R} < \alpha \leqslant \arccos \frac{l/(N+1)}{2R} = \arccos \frac{c(t-t_c)}{2R(N+1)} \tag{3.8}$$

这样,通过射线的反射次数将发射角 α 划分为不同的参数区间。

受限激波由初始撞击时刻 t_0 至临界时刻 t_c 之间产生的一系列压缩小波构成。故而在临界时刻 t_c 由临界端点 A_c 发射出的压缩小波在液柱表面的反射行为即代表了受限激波的反射行为。通过对这道压缩小波的演化过程进行分析有助于理解界面附近受限激波的演化特征。对应于这道压缩小波的射线,其从临界端点 A_c 发射伊始,那些运动到液柱表面的射线就已经开始发生反射。对于发射角在 $\alpha \in [\arccos(c(t_1-t_c)/2R),\arccos(c(t_1-t_c)/4R)]$ 区间内的射线,在 t_1 时刻发生一次反射,且这些射线的末端对应一次反射波波头(一次反射稀疏波波头)的位置,如图 3.5(c)所示。类似地,对于在 t_1 时刻发生二次反射的射线发射角位于 $\alpha \in [\arccos(c(t_1-t_c)/4R),\arccos(c(t_1-t_c)/6R)]$ 区间内,且这些射线的末端对应二次反射波波头

（二次反射压缩波波头）的位置。这样，根据 N 次反射波的发射角对应的区间值，可以类似地得到 N 次反射波波头的位置。

在临界时刻 t_c 之后，任意时刻新产生的撞击点处仍然不断地有压缩小波产生并向远离壁面的方向运动，然而，这些小波都无法赶上受限激波的波面，如图 3.5(c)所示。这些后续产生的压缩小波的运动行为十分类似，而且它们的强度也相对较弱，对液滴的动力学演化过程的影响十分有限，因而，在本书后续分析中将不再针对着后续产生的小波进行更多讨论。

随着受限激波持续运动，激波后的反射稀疏波也逐渐被清楚地观察到。在此，本书选取了一个特定时刻，$t^* = 0.81(t_2)$，以方便接下来的讨论。图 3.6 分别给出了该时刻的数值纹影图、压力等值线云图和临界端点 A_c 所发射出来的射线在该时刻的示意图。通过射线分析，可以得到一次反射稀疏波波头的形状和位置。

图 3.6(b)给出了一部分分别对应未被反射的受限激波的射线、一次反射稀疏波的射线和二次反射压缩波的射线。可以看出，这些射线可以根据发射角 α 的取值区间划分为五个区域：（Ⅰ）$0 < \alpha \leqslant \alpha_0$，（Ⅱ）$\alpha_0 < \alpha \leqslant \alpha_1$，（Ⅲ）$\alpha_1 < \alpha \leqslant \alpha_2$，（Ⅳ）$\alpha_2 < \alpha \leqslant \alpha_3$ 和（Ⅴ）$\alpha_3 < \alpha \leqslant \alpha_4$。其中，区域（Ⅱ）和区域（Ⅲ）对应于发生了一次反射的射线，区域（Ⅳ）和区域（Ⅴ）对应发生了二次反射的射线。如图 3.6(c)所示，区域（Ⅰ）的射线的端点对应该时刻的受限激波波面（S_{t_2}）所在的位置，同时根据式(3.7)，可以得到其发射角 α 的上限值为 $\alpha_0 = \arccos[c(t_2 - t_c)/2R]$。对于区域（Ⅱ）内的射线，其发射角 α 的上限角 α_1 的值介于 α_0 和 α_2 之间，该区域内射线的端点对应一次反射稀疏波的上支（RRW_{ub1}）的波头所在的位置。对于区域（Ⅲ），该区域内射线的端点对应一次反射稀疏波的下支（RRW_{lb1}）的波头所在的位置，同时根据式(3.8)，可以得到其发射角 α 的上限值为 $\alpha_2 = \arccos[c(t_2 - t_c)/4R]$。对于区域（Ⅳ）内的射线，其发射角 α 的上限值 α_3 的值介于 α_2 和 α_4 之间，该区域内射线的端点对应二次反射压缩波上支（RCW_{ub2}）波头所在的位置。对于区域（Ⅴ），该区域内射线的端点对应二次反射压缩波的下支（RCW_{lb2}）波头所在的位置，同时根据式(3.8)，可以得到其发射角 α 的上限值为 $\alpha_4 = \arccos[c(t_2 - t_c)/6R]$。

由图 3.6(c)的局部放大图展示了数值密度纹影图与射线理论分析结果的叠加对比（左）和压力等值线云图的数值结果（右）。通过射线分析得到的一次反射稀疏波（RRW_{ub1} 和 RRW_{lb1}）的波头位置与数值纹影结果吻合良好。对于二次反射压缩波波头（RCW_{ub2} 和 RCW_{lb2}），由于它们相对较弱,在数值纹影结果中较难分辨。在图 3.6(c)所示的压力等值线结果中,所显示的局部压力极大值区域即对应了二次反射压缩波波头的位置,其形状和位置也与射线分析结果相吻合。理论上,这些射线可以被反射无数次,但与之对应的反射波在二次反射之后就已经非常弱,因此,它们无论是在数值纹影图中还是在压力等值线云图中均难以被识别出来。

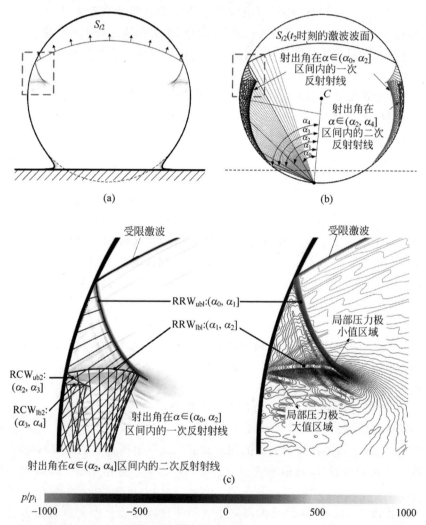

图 3.6　液滴以 110 m/s 的速度撞击壁面过程中,在 $t^* = 0.81(t_2)$ 时刻(第二阶段)数值计算结果与射线分析示意图(前附彩图)

(a) 数值密度纹影图;(b) 射线分析示意图;(c) 图 3.6(a)与(b)中虚线方框处的局部放大图

　　此外,由于一次反射稀疏波的叠加聚集效应,液滴内部在受限激波后出现了局部压力极小值区域(RRW$_{ub1}$ 和 RRW$_{lb1}$ 的交点),如图 3.6(c)所示,该区域也可以通过射线分析加以确定。同时,压力等值线云图还表明,一次反射稀疏波下支后的波后压力逐渐恢复,这是由于液滴持续撞击产生的压缩小波与反射稀疏波发生叠加,使压力得以恢复。

3.3.3　第三阶段——反射波的汇聚与空化泡产生

　　第三阶段开始于受限激波波面 S_t 运动至上极点 TP 的时刻,这里第三阶段的开始时刻为 $t^* = 0.975(t_3)$。图 3.7 展示了该过程中一次反射稀疏波的时空演化。图 3.7(a)和(c)给出了对应于液滴的初始下极点 BP 的发射角 α 均处于 $[0, \pi/2]$ 区间的内射线和一次反射射线段的包络线,并分别展示了 $t_2 \sim t_3$ 时间段与 $t_3 \sim t_4$ 时间段内的一次反射稀疏波波头波运动示意图。图 3.7(b)和(d)分别给出了时刻 $t^* = 0.975(t_3)$ 和时刻 $t^* = 1.305(t_4)$ 的数值纹影结果。

　　给出所有的对应初始撞击点 O 的压缩小波(初始时刻液滴下极点 BP 发生撞击产生的小波)的射线,并关注只发生一次反射的射线,从而得到这些一次反射射线的包络线,如图 3.7(a)所示。使用与 3.3.2 节中介绍的类似的方法,可以得到在 $t_2 \sim t_3$ 过程中四个不同时刻的 RRW$_{ub1}$ 和 RRW$_{lb1}$ 的波头的示意曲线。在一次反射稀疏波的运动与演化过程中,RRW$_{ub1}$ 与 RRW$_{lb1}$ 的交点时时处于这条包络线上,包络线即 RRW$_{ub1}$ 与 RRW$_{lb1}$ 的交点的轨迹线。

　　当受限激波运动至 TP 时(t_3),受限激波完成了液滴界面的反射,此时液滴内左右两侧的两支 RRW$_{ub1}$ 在 y 轴相交合成了一道拱形的 RRW$_{ub1}$,在这道拱形的 RRW$_{ub1}$ 的左右两侧还分别跟随着一道 RRW$_{lb1}$。图 3.7(b)给出了 t_3 时刻的数值纹影结果,并标注出了合并后的 RRW$_{ub1}$ 和左右两道 RRW$_{lb1}$ 的运动方向,从其运动方向可以看到这道拱形的 RRW$_{ub1}$ 将在液滴内部发生汇聚。

　　图 3.7(c)给出了 $t_3 \sim t_4$ 过程中五个不同时刻的 RRW$_{ub1}$ 与 RRW$_{lb1}$ 的演化示意图。随着拱形 RRW$_{ub1}$ 的汇聚,其长度不断变短(拱弧的曲率半径逐渐减小),最终聚焦于 y 轴上的一点(一次反射包络线与 y 轴的交点),这个汇聚点称为"焦点 P_f"。此过程中 RRW$_{ub1}$ 与 RRW$_{lb1}$ 的交点仍然沿着一次反射射线包络线运动,RRW$_{ub1}$ 两侧跟随的 RRW$_{lb1}$ 长度则不断增加。

　　由于一次反射射线与一次反射稀疏波的运动相关,并且这些一次反射射线的包络线即 RRW_{ub1} 与 RRW_{lb1} 交点的轨迹,因此可以借助这些一次反射射线来分析拱形 RRW_{ub1} 汇聚处焦点 P_f 的位置。如图 3.7(c)所示,一次反射射线的包络线对应其极限边界,同时从这些射线的分布可以看出一次反射射线在包络线一侧区域聚集。由 3.2.2 节可知,这些一次反射射线的聚集代表了 RRW_{ub1} 与 RRW_{lb1} 的叠加行为,叠加导致局部流体压力出现极小值区域,如图 3.6 所示。左右两侧的一次反射射线包络线会在 y 轴处相交,这个交点也就是这些一次反射射线的下极限位置,将这个交点称为"下极限交点" P_{dli},如图 3.7(d)所示。

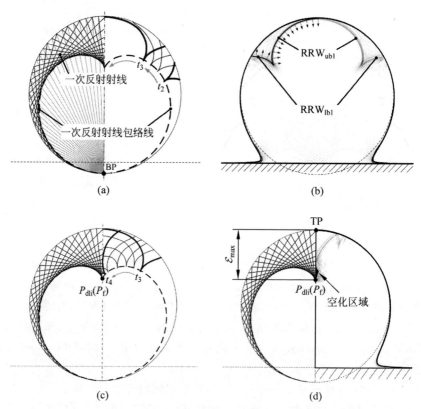

(a)　　　　　　　　　　　(b)

(c)　　　　　　　　　　　(d)

图 3.7　液滴以 110 m/s 的速度撞壁过程中,第二、第三阶段的数值计算结果与射线分析示意图

(a)射线分析与 $t_2 \sim t_3$ 时间段内的一次反射稀疏波波头波运动示意图;(b) $t^* = 0.975(t_3)$ 时刻的数值密度纹影图;(c)射线分析与 $t_3 \sim t_4$ 时间段内的一次反射稀疏波波头波运动示意图;(d) $t^* = 1.305(t_4)$ 时刻的数值密度纹影图

　　下极限交点 P_{dli} 的位置可以借助射线分析理论获得[109]。图 3.8 给出了一簇由 BP 发射出来的射线,它们的发射角 α 均处于 $[0,\pi/4]$ 以保证它们的一次反射射线可以与 y 轴相交。任选其中的一条射线进行分析(图 3.8 中黑色实线且用箭头标识出其运动方向),该射线的一次反射线与 y 轴的交点为 P_{i},则 P_{i} 与液柱上极点 TP 间的距离 ε 为

$$\varepsilon = R_0 - \frac{\sin\alpha \cdot R_0}{\sin\gamma} \tag{3.9}$$

其中,R_0 为液柱的初始半径,交角 α 与 γ 如图 3.8 所示。由交角 α 与 γ 的关系:$3\alpha + \gamma = 180°$,距离 ε 可以重新表示为

$$\varepsilon = R_0 - \frac{R_0}{3 - 4\sin^2\alpha} \tag{3.10}$$

求解出距离 ε 的极大值,就得到了一次反射射线的下极限交点 P_{dli} 的位置。距离 ε 的极大值表达式如下:

$$\varepsilon_{\max} = \lim_{\alpha \to 0}\left(R_0 - \frac{R_0}{3 - 4\sin^2\alpha}\right) = \frac{2}{3}R_0 = \frac{D_0}{3} \tag{3.11}$$

其中,D_0 为液柱的初始直径。

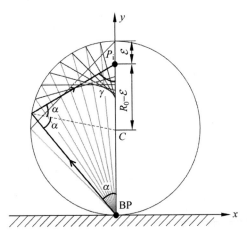

图 3.8　由液滴的初始下极点 BP 发射且发射角 α 均处于 $[0,\pi/4]$ 的内射线分析示意图

　　采用类似的射线分析理论,进一步证实,RRW$_{\text{ubl}}$ 的汇聚点 P_{f} 与下极限交点 P_{dli} 重合。由图 3.3(j) 和图 3.7(d) 可知,本书理论识别的 P_{f} 位置与实验观测和数值求解的空化位置一致。由于一次反射稀疏波的汇聚效应,汇聚处的液体被加速,受到强烈地拉伸,局部流体压力值迅速下降,焦点

P_f 处的下降最为显著。当局部压力值低于 $p_{homogenous}$ 时,流体满足空化条件,流体发生相变,产生空化泡。随着汇聚的继续,空化泡发展为显见的空化区。

3.3.4　第四阶段——空化泡溃灭

当 RRW_{ub1} 发生汇聚并产生空化区后,即 $t^* = 1.305(t_4)$,第三阶段结束第四阶段开始。第四阶段的理论分析示意图和数值纹影结果如图 3.9 所示。

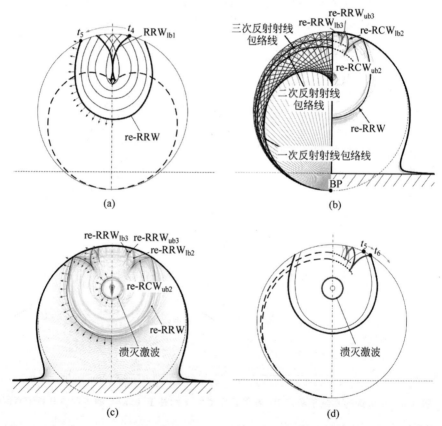

图 3.9　液滴以 110 m/s 的速度撞壁过程中,第四阶段的数值计算结果与射线分析示意图
(a) re-RRW $t_4 \sim t_5$ 运动和演化过程示意图;(b) 射线分析以及 $t^* = 1.545(t_5)$ 时刻的数值密度纹影图;(c) $t^* = 1.59(t_6)$ 时刻的数值密度纹影图;(d) $t_5 \sim t_6$ 波系演化示意图

与 3.3.3 节类似,在图 3.9(a)中选取了 $t_4 \sim t_5$ 过程中六个不同时刻 RRW_{lb1} 波头的演化过程。可见,左右对称的两支 RRW_{lb1} 在汇聚时刻(t_4)后彼此相遇并在 y 轴处相互反射,反射波仍然为稀疏波。而后,左侧 RRW_{lb1} 的反射波、右侧 RRW_{lb1} 的反射波与焦点汇聚后的 RRW_{ub1},构成了扩张型的二次反射稀疏波(re-RRW)。图 3.9(b)给出了所有对应于液滴的初始下极点 BP 的发射角 α 均处于 $[0,\pi/2]$ 的内射线和对应的一次、二次、三次反射射线段的包络线,以及 $t^* = 1.545(t_5)$ 时刻的数值纹影结果,并展示了 re-RRW 的形状与位置。

图 3.9(b)显示了另外两组波的结构,它们分别是二次反射压缩波和三次反射稀疏波。数值结果表明,由二次反射压缩波引起的压力峰值为 $6.31 \times 10^7 \mathrm{Pa}$,该值为初始撞击点 O 产生水锤激波压力 p_h 的 33%,由三次反射稀疏波引起的压力峰值为 $-3.0 \times 10^7 \mathrm{Pa}$,其绝对值为初始撞击点 O 产生水锤激波压力 p_h 的 16%。因此,随着反射次数的增加,多次反射波的强度会明显下降。由于多次反射波的强度相对较弱,在数值纹影结果中难以清楚地辨识。

与一次反射稀疏波 RRW_{ub1} 和 RRW_{lb1} 类似,二次反射压缩波同样存在上支(RCW_{ub2})与下支(RCW_{lb2}),以及三次反射稀疏波上支(RRW_{ub3})与下支(RRW_{lb3})。同样地,与一次反射稀疏波 RRW_{ub1} 和 RRW_{lb1} 的行为类似,二次反射压缩波 RCW_{ub2} 与 RCW_{lb2} 同样会在 y 轴处相遇并相互反射,反射波仍为压缩波,形成 re-RCW_{ub2} 与 re-RCW_{lb2}。三次反射稀疏波 RRW_{ub3} 与 RRW_{lb3} 在 y 轴处相互反射,反射波也为稀疏波,形成 re-RRW_{ub3} 与 re-RRW_{lb3}。图 3.9(b)与(c)的数值纹影结果中均显示出了这些多次反射波系的结构与位置,图 3.9(c)还标识了它们的运动方向。

图 3.9(b)与(c)表明,re-RCW_{ub2} 与 re-RCW_{lb2} 以及 re-RRW_{ub3} 与 re-RRW_{lb3} 依次跟随在朝靠近壁面的方向扩张运动的 re-RRW 两侧末端。再次利用射线分析方法,画出二次和三次反射射线,以及它们各自的包络线。图 3.9(b)分别给出了下、中、上三条包络线,分别对应一次反射射线包络线、二次反射射线包络线和三次反射射线包络线。y 轴左右两侧的 RCW_{ub2} 与 RCW_{lb2} 以及 RRW_{ub3} 与 RRW_{lb3} 在未运动至 y 轴之前,它们上下支的交点同样会沿着各自对应的包络线运动。与一次反射包络线类似,二次和三次反射射线的包络线即对应反射波的波头上下支交点的轨迹线。在 y 轴处发生反射之后,它们各自反射波的交点仍然继续沿着包络线方向运动。图 3.9(d)给出了二次、三次反射射线段的包络线,以及 $t_5 \sim t_6$ 时间

段内的一次、二次、三次反射波和溃灭激波运动示意图。

随着 re-RRW 向下扩张运动,由 RRW_{ub1} 汇聚诱发的空化泡开始溃灭。对于当前算例(初始速度为 110 m/s),空化泡溃灭引起的瞬时峰值压力达到 81 MPa,约为初始压力的 800 倍。图 3.9(b)和(c)的数值纹影结果表明,空化泡的溃灭产生了一道圆形的向外扩张运动的激波,这道激波即溃灭激波。这道溃灭激波将不断向外扩张,直至运动至壁面。

上述分析表明,高速撞壁过程中液滴内部产生了一系列非定常波系,包括受限激波、一次反射波、二次反射波、三次反射和溃灭激波等。结合小波理论和射线分析方法,本节对这些波系的性质、产生机制和演化规律等进行了分析。

3.4　初始速度的影响

本节将讨论初始速度对液滴撞击壁面过程的影响规律。计算中,初始速度 v_0 分别选为 50 m/s,110 m/s,150 m/s 和 200 m/s,其余条件均与 3.3 节相同。

3.4.1　撞壁液滴的几何特性

由 3.3.1 节的讨论可知,表征水锤激波与壁面脱离的重要参数——临界夹角 θ_c,不但关系到第一阶段的结束时间还与受限激波的强度密切相关。由式(3.4)可以计算出不同速度下的理论临界夹角 θ_c,表 3.1 给出了各工况下临界夹角 θ_c 的理论计算结果和数值模拟结果。可见,临界夹角 θ_c 随着初始速度的增加而增大。

表 3.1　不同初始撞壁速度下的临界夹角 θ_c

初始速度/(m/s)	50	110	150	200
理论 θ_c/(°)	1.8	3.6	4.8	6.0
数值 θ_c/(°)	1.8	3.7	4.9	6.1

为了分析初始速度对液滴形状变化的影响,图 3.10 给出了不同初始速度下液滴的高度 d_1 和宽度 d_w 随时间的变化曲线。其中,液滴的高度 d_1 定义为液滴的上极点 TP 到壁面的垂直距离;液滴的宽度 d_w 定义为过液滴中心点 C 的水平直线与液滴两侧表面相交后交线的长度,它们均用 D_0

作无量纲化。显然,随着碰撞过程的持续进行,液滴的高度 d_1 逐渐减小,而液滴的宽度 d_w 则逐渐增大,其减小/增大的速率均随着初始撞壁速度的增大而增大。

图 3.10(a) 还表明,在不同初始速度下液滴的高度 d_1 曲线均在 $t^* = 1$ 附近存在一个拐点(图 3.10(a)中虚线处)。这个拐点对应受限激波运动至液柱上极点 TP 的时刻,说明由于受限激波的作用,液柱此时发生了轻微变形。如图 3.10(b) 所示,对于所选的液滴速度,液滴宽度 d_w 则在初始阶段保持不变,直至 $t^* = 0.6$ 后开始迅速增加,这个时刻大致对应受限激波末端运动至液滴宽度线与液滴界面交点(过液柱中心点 C 的水平线与液柱界面交点)的时刻。

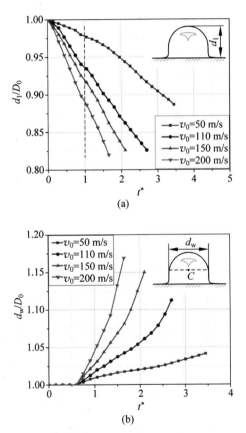

图 3.10　不同初始速度下液滴几何随时间的变化曲线

(a) 液滴高度 d_1 随时间的变化曲线;(b) 液滴宽度 d_w 随时间的变化曲线

图 3.11 给出了不同工况下 $t^* = 0.45$ 和 $t^* = 0.9$ 两个时刻在 y 轴上的无量纲压力 p/p_h 分布曲线。p_h 为由式(3.6)得到的水锤压力值。对于初始速度较高的工况,激波后的无量纲压力值也较高,这也意味着受限水锤激波的强度会随着初始速度的增大而增加。通过对比两个时刻的压力分布曲线发现,受限激波的波后压力值会随着其向外扩张运动而逐渐下降,初始强度越弱的激波,其波后压力衰减也越显著。

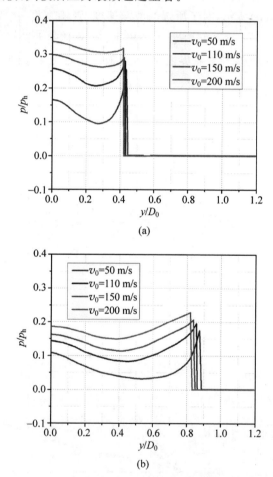

图 3.11   不同初始速度下 y 轴的压力分布曲线(前附彩图)

(a) $t^* = 0.45$;(b) $t^* = 0.9$

与 3.2 节的分析类似,受限激波会在液柱界面发生反射,对于强度越弱的激波,其反射波的强度也越弱,所以低速情况下的一次反射稀疏波及其汇聚效应都会减弱。

3.4.2　空化泡尺度

图 3.12 给出了不同初始速度下一次反射稀疏波汇聚时刻对应流场的压力云图。图 3.12(b)、(c)和(d)对应空化区最大的时刻,图中空化区由水蒸气体积分数的等值线(白色实线)标识。

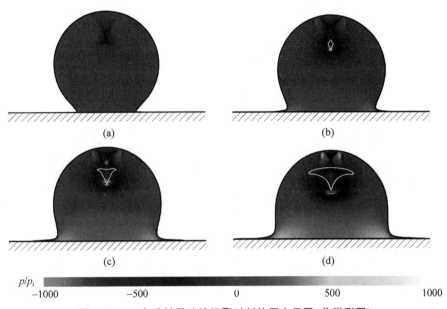

图 3.12　一次反射稀疏波汇聚时刻的压力云图(前附彩图)

(a) $v_0 = 50$ m/s,$t^* = 1.275$; (b) $v_0 = 110$ m/s,$t^* = 1.305$; (c) $v_0 = 150$ m/s,$t^* = 1.305$; (d) $v_0 = 200$ m/s,$t^* = 1.335$

当初始速度大于等于 110 m/s 时,一次反射稀疏波的汇聚效应会使汇聚区流体的压力满足均质成核空化条件(当地压力小于 $p_{\text{homogenous}}$),从而诱发均质空化相变过程,产生空化泡。图 3.13(a)给出了与图 3.12 相对应时刻的不同工况下一次反射稀疏波汇聚时刻的 y 轴上的压力分布,结果表明空化区域随着初始速度增加(如 10 m/s～200 m/s)而增大。

图 3.13(b)展示了与图 3.12 相对应时刻的 y 轴上水蒸气体积分数的分布曲线。结果显示,对于初始速度分别为 110 m/s,150 m/s 和 200 m/s 的三个工况,y 在 $0.45D_0$～$0.7D_0$,水蒸气的体积分数值突增即对应相变空化区域。图 3.13(b)也表明空化区域随着初始速度增加而增大。

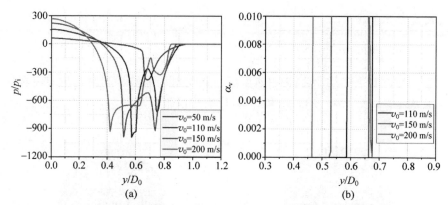

图 3.13　与图 3.12 对应的一次反射稀疏波汇聚时刻的曲线（前附彩图）

(a) y 轴的压力分布曲线；(b) y 轴的水蒸气体积分数分布曲线

3.4.3　溃灭激波强度

图 3.14 给出了初始速度为 50 m/s，110 m/s，150 m/s 和 200 m/s 四个工况空化泡完全溃灭时刻的压力云图，分别对应 $t^* = 1.425$，1.545，1.650 和 1.980。在图 3.14(b)，(c) 和 (d) 中可以看到由空化泡溃灭产生的溃灭激波。

图 3.14 表明，撞击越猛烈（初始速度大），产生的空化区域越大，大空化泡完全溃灭的时间也越长，对应的空化泡溃灭后产生的溃灭激波的强度也越强。

图 3.15 给出了与图 3.14 相对应时刻各工况的 y 轴上的无量纲压力 p/p_i 水锤激波压力值 p_h 和空泡溃灭后产生的溃灭激波压力最大值 p_c 的分布曲线。图 3.15(a) 展示了空泡溃灭产生的溃灭激波对应的压力激增区，以及未产生空化现象的工况中的一次反射稀疏波汇聚后的流体负压区。图 3.15(b) 表明，四个工况下初始撞击点产生的水锤压力值 p_h 和空泡溃灭引起的瞬时峰值压力 p_c 均随着初始速度的增大而增大，且空泡的溃灭峰值压力 p_c 均小于对应工况下的水锤压力值 p_h。

空泡完全溃灭后，液柱内存在着由受限激波的界面反射而出现的一次、二次、三次反射波和它们继续反射与相互之间作用所产生的波，以及空化泡溃灭后产生的溃灭激波（压力波）和由于它的后续反射而产生的波等，这些复杂的波系将持续在液柱内发展演化，直至被耗散掉。然而，这些波系结构的强度较弱，不会引起局部流体压力激增或急剧下降等现象，因此本书不再对它们进行详细的讨论与分析。

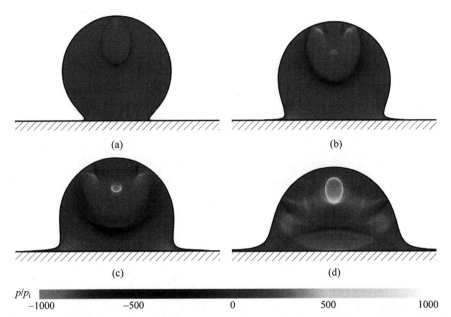

图 3.14　不同工况的空化泡完全溃灭时刻（或 re-RRW 向靠近壁面的方向扩张运动的时刻）的压力云图（前附彩图）

（a）$v_0 = 50$ m/s，$t^* = 1.425$；（b）$v_0 = 110$ m/s，$t^* = 1.545$；（c）$v_0 = 150$ m/s，$t^* = 1.650$；
（d）$v_0 = 200$ m/s，$t^* = 1.980$

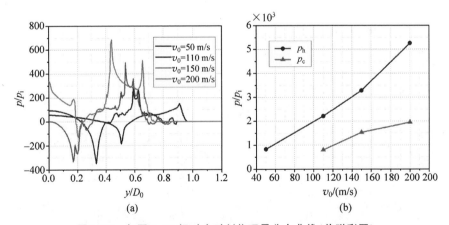

图 3.15　与图 3.14 相对应时刻物理量分布曲线（前附彩图）

（a）y 轴的无量纲压力 p/p_i 分布曲线；（b）水锤压力值 p_h 和空泡溃灭引起的峰值压力 p_c 分布曲线

3.5　流体物性的影响

为了研究流体物性对液滴撞击壁面过程的影响,本节选择 C_4F_{10} 液滴撞壁与前文水滴工况进行比较分析。

3.5.1　物性参数拟合

本书采用的状态方程为刚性气体状态方程(SG-EOS),详细讨论可参见 2.2 节,各组分状态方程表达式如下:

$$e_k(p,\rho_k) = \frac{p + \gamma_k p_{\infty,k}}{\rho_k \gamma_k - 1} + q_k \qquad (3.12)$$

其中,γ_k,$p_{\infty,k}$,$c_{V,k}$,q_k 和 q'_k 为通过在 $[T_0, T_1]$ 区间拟合饱和温度-压力曲线而得到的各组分的状态参数。其中,如 2.2 节所述,水的状态参数的选择参考 Han[176] 的文章,而对于 C_4F_{10} 状态参数则使用 2.2 节所述的使用饱和曲线的线性近似值的方法来计算物质的物性参数,该过程亦可参考 Saurel[174] 的文章。图 3.16 中给出了 270~350 K C_4F_{10} 各参数近似拟合结果与实验值的对比。表 3.2 给出了 C_4F_{10} 液体和 C_4F_{10} 蒸气的状态参数。

表 3.2　C_4F_{10} 刚性气体方程状态参数

组分	γ	p_∞/Pa	$c_{V,k}$/ (J/(kg·K))	q_k/(J/kg)	q'_k/ (J/(kg·K))
C_4F_{10} 蒸气	1.0516	0	641	-8.5866×10^4	3.987×10^2
C_4F_{10} 液体	1.164	6.8007×10^7	964	-3.0418×10^5	0

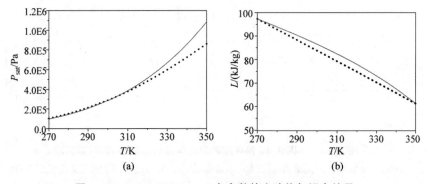

图 3.16　270~350K C_4F_{10} 各参数的实验值与拟合结果

(a) 饱和蒸气压;(b) 汽化潜热;(c) 液相焓;(d) 蒸气相焓;(e) 液相比体积;(f) 蒸气相比体积

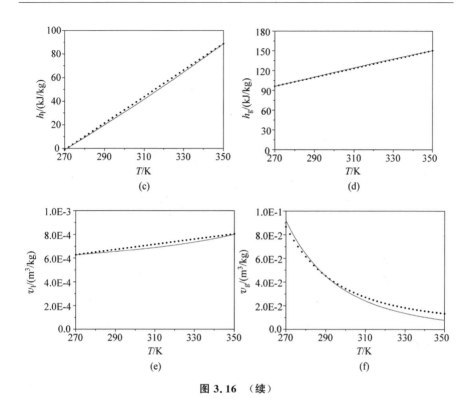

图 3.16　（续）

3.5.2　结果分析与讨论

如 3.1 节讨论的,对于初始速度为 50 m/s、初始半径为 5 mm 的水滴撞壁问题,其黏性力、表面张力和重力相较于惯性力均可以忽略。C_4F_{10} 的黏性系数和表面张力系数均比水更小,因此对于 C_4F_{10} 液滴的高速撞壁问题,黏性效应、表面张力效应和重力的影响在计算中可以忽略不计。参考 Sheeran[234-235] 等人的实验结果,给定 C_4F_{10} 的均质空化极限压力 $p_{\text{homogenous}}$ 为 -3.0 MPa。二维 C_4F_{10} 液滴的撞击壁面的计算工况的设置与水滴相同,这里初始速度选为 50 m/s。

图 3.17 为 C_4F_{10} 液柱以 50 m/s 的速度撞击固壁的压力云图序列,图 3.18 为与图 3.17 对应的不同时刻中心线上的无量纲压力与 C_4F_{10} 蒸气的体积分数曲线。图 3.17 中的白色实线为根据 C_4F_{10} 的蒸气的体积分数值表征的空化泡轮廓线。对应的时间序列分别为:(a)0.0 μs,(b)21.0 μs,(c)39.1 μs,(d)46.6 μs,(e)58.7 μs,(f)74.5 μs,(g)120.2 μs 和(h)200.2 μs。

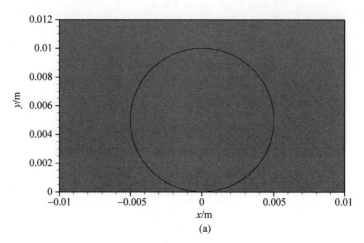

图 3.17　C_4F_{10} 液柱以 50 m/s 的速度撞击固壁的时间序列压力云图

结果表明，C_4F_{10} 液滴撞向刚性壁面，液柱内部产生了自下而上运动的水锤激波。水锤激波在运动过程中，在两相界面处发生了反射与透射。与水滴撞壁问题类似，由于 C_4F_{10} 液体的声阻大于空气声阻，透射波为强度较弱的空气中运动的激波，激波在两相界面上的一次反射波为稀疏波。压力云图表明，界面附近激波后的压力由于一次反射稀疏波的作用而减弱。

水锤激波掠过整个液滴后被界面完全反射，与水滴类似，由于界面曲率的影响，一次反射稀疏波在液滴中上部发生汇聚，形成低压区域，如图 3.17(c)所示。同样地，当汇聚效应引起局部低压达到空化条件时就会发生快速空化相变。由于 C_4F_{10} 液体的空化压力阈值比液态水高许多，低压流体更容易达到空化条件，空化区域明显超过相同条件下水滴撞壁的工况。如图 3.17(d)所示，白色实线标出的区域为由于反射稀疏波汇聚而触发的左右两个一次空化泡区域。两个空化区域随着汇聚效应的进一步增强而逐渐增长，最终合并为一个大的空化泡区域，如图 3.17(e)所示。

图 3.18(a)给出了与图 3.17 相对应各时刻的中心线上的压力曲线，受限水锤激波在掠过整个液滴后发生反射，由于一次反射稀疏波的汇聚效应而诱发空化相变，空化区压力得以恢复。图 3.18(b)所示的液滴中心线上的体积分数分布表明了不同时刻的空化区域及其大小。

随后，一次反射稀疏波的继续向靠近壁面方向运动，直至被壁面反射。稀疏波在固壁反射后仍然为稀疏波，并与反射前的稀疏波发生叠加，叠加后流体压力进一步下降。同样，当局部流体压力低于空化条件阈值时会诱发

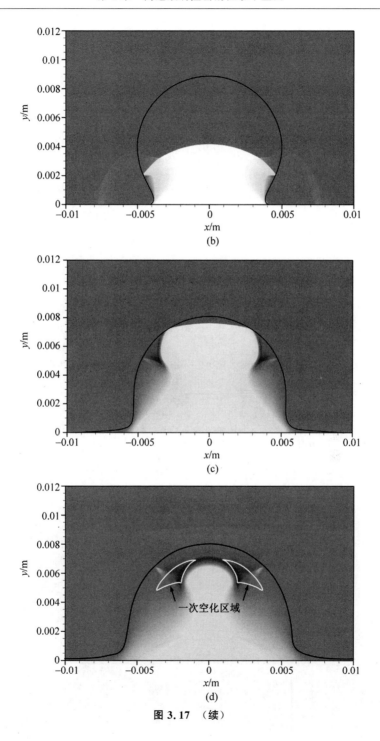

图 3.17 （续）

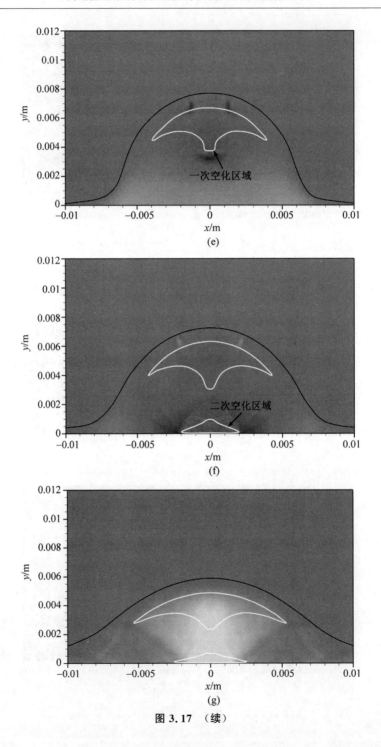

图 3.17 （续）

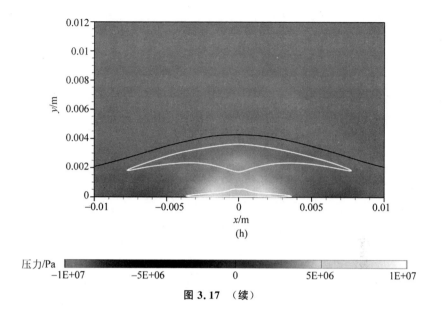

(h)

图 3.17　（续）

当地流体空化相变。如图 3.17(f)所示,在固壁附近由于反射稀疏波的叠加效应形成了一个二次空化区。随着液滴的进一步铺展,一次、二次空化区被拉伸变形,如图 3.17(g)和(h)所示。中心线上的压力曲线表明,液滴内部包括空化区域的压力均得到了恢复。

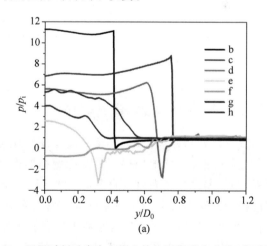

(a)

图 3.18　不同时刻垂直中心线上的物理量分布曲线（前附彩图）

(a) 无量纲压力 p/p_i 分布曲线；(b) C_4F_{10} 蒸气体积分数 α_v 分布曲线

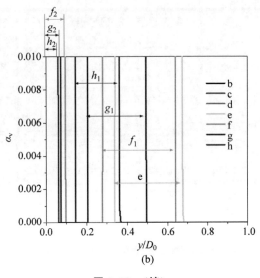

图 3.18 （续）

以上结果表明，高速 C_4F_{10} 液滴撞击壁面后，其内部波系的演化行为与水滴高速撞击壁面过程类似。然而，由于 C_4F_{10} 液体的空化压力比液态水高出许多，更容易达到空化条件，由一次反射稀疏波汇聚而产生的空化区域更大；进一步，由一次反射稀疏波在固壁反射后的叠加效应而诱发了二次空化。较大的空化对各种波系的能量吸收也更为充分，这就使液滴内部（包括空化区域）的压力能够还原恢复，从而并没有出现水滴撞壁过程中第四阶段发生的空化泡溃灭现象。

3.6 本 章 结 论

基于第 2 章数值模型与计算程序，本章对高速液柱撞击刚性平面的问题进行了数值研究，详细且完整地捕捉了液滴撞壁初期内部的空化泡产生和溃灭演化过程，并依据仿真结果对液滴内复杂波结构进行了系统分析。

高速撞壁过程中液滴内部会产生一系列非定常波系，包括受限水锤激波、多次反射波和溃灭激波等。本书结合小波理论和射线分析，对各种波系的性质、产生机制和演化规律等进行了解释。高速液滴在撞击刚性平面时会产生水锤激波，水锤激波末端离开壁面时的临界夹角 θ_c 与初始撞击速度 v_0 相关。研究还发现撞击速度对受限激波强度有显著影响，临界夹角 θ_c

和受限激波强度均随冲击速度的增大而增大。

受限水锤激波在脱离壁面并向远离壁面的方向运动的过程中,不断被液柱表面反射,并且由于反射波的汇聚出现局部流体压力极小值、极大值区域。一次反射稀疏波汇聚于液滴中心轴上距上极点 $1/3D_0$ 的位置,理论分析获得的汇聚位置与实验观测和数值求解的空化位置相一致。由于一次反射稀疏波的汇聚效应,汇聚处的液体被加速,受到强烈地拉伸,局部流体压力值迅速下降,当局部流体压力满足空化条件时,流体发生相变,进而发展为空化区域。在初始冲击速度较高的情况下,由一次反射稀疏波的汇聚所引起的空化区域也越大,同时空化区的溃灭所产生的溃灭激波也更强。

对高速 C_4F_{10} 液滴撞击固体壁面的研究表明,由于 C_4F_{10} 液体的空化压力比液态水高出许多,更容易达到空化条件,相同初始条件下其由一次反射稀疏波汇聚而诱发的空化区域更大;进一步,由一次反射稀疏波在固壁反射后的叠加效应而诱发了二次空化。较大的空化区,对各种波系的能量吸收也更为充分,这就使液滴内部(包括空化区域)的压力能够还原恢复,从而并没有出现水滴撞壁过程中发生的空化泡溃灭现象。

第4章　含空化泡液滴高速撞击刚性水平壁面

为了进一步揭示空化泡对高速液滴撞击过程的影响,本章对含空气泡和蒸气泡两类空心液滴撞击刚性水平壁面的过程进行了数值模拟,详细分析撞击过程中液滴的动力学演化规律,并对两类空泡的变形、溃灭物理机制和壁面的受力进行了比较分析。此外,还进一步对空心液滴初始速度、空泡尺寸和偏心率等参数的影响规律进行了研究。

4.1　物理模型

本章考虑了一个预先含初始半径为 r_0 的空泡的液滴以初始速度 v_0 垂直撞击刚性水平壁面的过程,基本的物理模型如图 4.1 所示[225]。其中,空泡的中心点 C(也是液滴中心点)、初始撞击点 O、液滴的上表面(USD)、液滴的下表面(DSD)、空泡的上表面(USC)和空泡的下表面(DSC)分别标识在图 4.1。

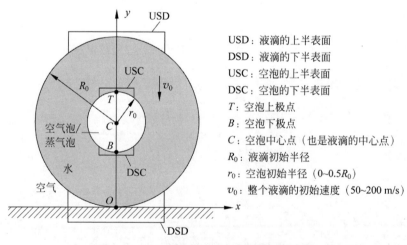

USD:液滴的上半表面
DSD:液滴的下半表面
USC:空泡的上半表面
DSC:空泡的下半表面
T:空泡上极点
B:空泡下极点
C:空泡中心点(也是液滴的中心点)
R_0:液滴初始半径
r_0:空泡初始半径 (0~0.5R_0)
v_0:整个液滴的初始速度 (50~200 m/s)

图 4.1　空心液滴高速撞击壁面问题示意图

这里,设置液滴的初始直径 D_0($D_0 = 2R_0$)为 10 mm,并有内部空泡半径为 r_0,本章研究分别取为:$0.125R_0$,$0.25R_0$,$0.375R_0$ 和 $0.5R_0$。液柱内部初始包含的空泡分为空气泡和蒸气泡两种情况。液滴的初始撞击速度 v_0 在 50~200 m/s 变化。计算域各物质的初始状态在表 4.1 中给出,其中蒸气泡的初始压力为该温度下的饱和蒸气压。由于主要关注液滴撞壁的初始动力阶段,因此,与第 3 章类似,黏性、表面张力、重力、壁面湿润性和粗糙度等因素影响相较于惯性效应均可以忽略[61,68]。本章还将研究空泡初始位置的影响,具体参数设置将在相应章节说明。

表 4.1　计算域各物质的初始状态

物　　　质	水	空气泡	蒸气泡	周围空气
温度/K	300	300	300	300
压力/Pa	1.01325×10^5	1.01325×10^5	2339	1.01325×10^5
声速/(m/s)	1499.9	410.7	395.2	410.7

4.2　含空气泡/蒸气泡液滴高速撞壁过程对比分析

本节对含初始空气泡/蒸气泡两类空心液柱的高速撞击刚性水平壁面问题进行了数值研究,探讨了撞击过程中嵌入中心的空气泡和蒸气泡的演化机制和规律。撞击过程的数值模拟结果如图 4.2 所示。

在后文的分析中,起始时间点 t_0 取为液滴刚刚接触到刚性壁面的时刻。图 4.2 中,左列对应含空气泡液滴,右列对应含蒸气泡液滴,初始空泡半径为 $0.25R_0$,撞壁速度为 150 m/s,左右两组图对应时刻相同。在每张云图中,左半侧为无量纲压力云图(用来区分两相界面的黑实线为水的体积分数等值线),右半侧为数值密度纹影图。对应的时间序列为:①$t/(D_0/c_1) = 0.30$,②$t/(D_0/c_1) = 0.60$,③$t/(D_0/c_1) = 1.29$,④$t/(D_0/c_1) = 1.98$ 和⑤$t/(D_0/c_1) = 2.27$。

图 4.2 的数值结果表明,液滴在高速撞壁后产生了受限水锤激波,扩张型受限激波在掠过整个液滴的过程中与液滴内部的空泡作用,并在空泡表面发生衍射使其强度被削弱。液柱内部的空泡由于受到激波的作用,逐渐被压缩直至上下两侧界面发生碰撞。在本节中,空泡的下表面 DSC 与空泡的上表面 USC 首次接触的时刻被称为"溃灭时刻"t_{collapse}。图 4.2(a4)和(b4)为两个工况溃灭时刻的流场云图,从图中可以看到,此时残存的空气

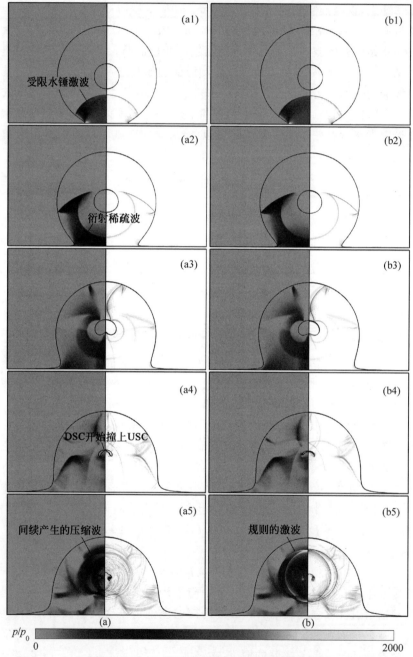

图 4.2 空心液柱以 150 m/s 的速度撞壁的演化过程的数值结果(前附彩图)
(a) 含空气泡液滴;(b) 含蒸气泡液滴

泡(图 4.2(a4))与蒸气泡(图 4.2(b4))的几何形状存在着一定的差异。随着空泡继续溃灭,其产生的溃灭压力波向四周扩张运动。图 4.2(a5)和(b5)显示了两种空泡的最终溃灭形态和溃灭过程产生的压力波的强度均有所不同。空气泡溃灭后产生了一系列压缩波;而蒸气泡溃灭后则产生了几道规则的激波,其强度明显强于空气泡工况的溃灭波。

后文将对两类液滴撞击过程的动力学演化规律进行详细的对比分析,解释两类空泡溃灭现象出现差异的原因,并讨论空泡溃灭过程对壁面的影响。

4.2.1　动力学过程的整体分析

与第 3 章中实心液滴高速撞壁过程类似,在空心液滴高速撞击壁面的初始阶段,由于液体的可压缩性液滴内会产生极强的水锤激波,同时由于液滴的几何形状的限制,水锤激波的末端从撞壁的初始阶段直至临界时刻 t_c 都无法逃逸脱离壁面。受限水锤激波与壁面脱离后,继续在液滴内扩张运动,并在界面上发射透射波(透射波为激波)与反射波(反射波为稀疏波),以此保持自由表面两侧压力平衡。可以用与 3.3.1 节完全类似的方法来分析撞壁水锤激波的产生、与壁面脱离及其在界面上的反射行为,在此不再赘述。

此外,图 4.2(a1)和(b1)表明,在受限激波与空泡下表面 DSC 作用之前,含空气泡与含蒸气泡的两类空心液柱产生的水锤激波的强度完全一致,液柱的动力学过程完全一致,因此两者的差别将直至水锤激波与空泡作用后才开始出现。

受限水锤激波与空泡作用后,由于空泡界面两侧巨大的声阻差,空泡被强烈压缩。为了监测空泡界面附近和内部流体的动力学过程,初始时刻在两个工况的空泡上极点 T、空泡下极点 B 和空泡中心点 C 分别布置了拉格朗日监测点,具体位置如图 4.1 所示。图 4.3 给出了三个监测点速度随时间的变化曲线,图 4.3(a)对应含空气泡液滴内的监测点,图 4.3(b)为含蒸气泡液滴内的监测点,其中,实线、虚线和点线分别对应初始时刻的空泡上极点 T、空泡中心点 C 和空泡下极点 B 处监测点的速度曲线。

由图 4.3 中初始位于空泡界面下极点的监测点 B 的速度 U_B 的变化曲线可以看到,无论是含空气泡还是蒸气泡的液滴,均在 $t/(D_0/c_1)=0.37$ 附近出现了速度阶跃,两者的 ΔU_B 均约为 130 m/s。该时刻对应于受限水锤激波开始与空泡作用的时刻,则 ΔU_B 即由受限水锤激波作用产生。参考黎

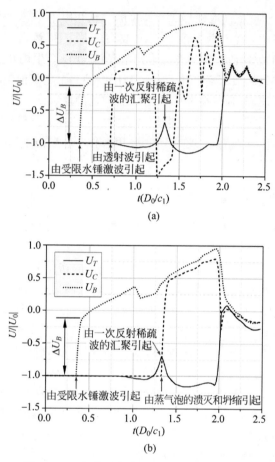

图 4.3　三个监测点的速度随时间的变化曲线

（a）含空气泡液柱内的监测点；（b）含蒸气泡液柱内的监测点

曼问题中接触间断受激波作用后速度阶跃的理论分析结果[236-237]，当界面两侧的声阻相差很大时，近似得到在激波作用下的界面速度阶跃为

$$\Delta U_{\text{interface}} \approx 2 \frac{p_s - p_c}{\rho_1 c_1} \tag{4.1}$$

其中，ρ_1 和 c_1 分别为液体的密度和声速，p_c 为空泡侧的压力，p_s 为受限水锤激波与空泡作用时刻的波后压力。对于这两个算例，p_s 均约为 $1000\ p_0$（1000 倍初始外界环境压力），则 p_s 远大于 p_c。从而可得在两个工况下根据理论估算得到的界面初始速度阶跃均约为 130 m/s，这个数值与结果中的监测点 B 的速度阶跃 ΔU_B 吻合。

激波与空气泡和蒸气泡作用后均会在空泡界面发生衍射,在液体侧形成反射稀疏波,然而两类空泡内部波系的演化特性有所不同。后文将借助初始时刻位于空泡中心点 C 的拉格朗日监测点,对空泡内部流体的动力学行为进行分析。

受限激波与空气泡作用后,会发生透射并在空气泡内部产生一道透射激波。图 4.3(a)显示,初始位于空气泡中心的监测点 C 在 $t/(D_0/c_1)=0.7$ 附近存在一个速度阶跃,该速度阶跃即由透射激波传播至该监测点引起的加速效应产生。透射激波传播至 USC 后发生反射,在空泡界面的反射波仍为激波,这道反射激波回传至监测点 C 会对该点的速度起到反向加速作用,即对应于 $t/(D_0/c_1)=1.2$ 附近的速度下降突变。而后,在 $t/(D_0/c_1)=1.4$ 附近又存在一个速度上升突变,这是由再次反射的透射激波传播至此的加速作用引起的。之后由于透射激波在气泡内的多次反射并与从液体侧透射而来的波相互作用,位于空气泡内部的监测点 C 的速度会发生多次振荡。由于空气与水的巨大声阻比,这些由透射激波作用而产生的空气泡内部的复杂波系结构虽然对空气泡内流体质点的速度和压力有一定影响,但是它们对空气泡外液体状态的影响却十分有限,在此不做详细讨论,类似的现象可参考液体中平面激波与空气泡作用过程的讨论[238-240]。

对于受限激波与蒸气泡作用的工况,其内部流体质点的动力学过程则与受限激波与空气泡作用的情况大为不同。在本书中,初始情况下,假设蒸气泡内的水蒸气处于饱和状态。一旦蒸气泡受压缩使局部蒸气压力高于饱和蒸气压,水蒸气就会立即凝结成液态水。因此,对于当前的工况,当受限激波与蒸气泡作用时,蒸气泡会迅速坍缩并伴随着冷凝,不会形成空气泡中的透射激波。图 4.3(b)中初始位于蒸气泡中心的监测点 C 的速度随时间的变化曲线表明,该点速度并没有出现如空气泡中心的监测点 C 的由透射激波、反射透射激波和其他透射波而引起的速度突变和振荡。对于当前工况,只在 $t/(D_0/c_1)=1.3$ 附近出现了由于界面坍缩冷凝而引起的速度阶跃(此时 DSC 已经输运演化至该监测点)。

另外,虽然一部分的受限水锤激波在传播至空化泡表面后发生衍射,并产生衍射稀疏波,图 4.2(a2)和(b2)显示仍有部分未与界面作用的受限激波在液柱内部运动。与第 3 章中的分析类似,这部分剩余的受限激波在向远离壁面的方向运动的过程中也会持续与液柱界面作用直至被完全反射。反射稀疏波也会由于界面的曲面效应而在液柱内部趋于汇聚,图 4.2(a3)和(b3)分别展示了对应于汇聚时刻的压力和纹影结果。此外,图 4.3 显示,无论是空气泡还是蒸气泡的工况,监测点 T 的速度随时间的变化曲线(实线)均在 $t/(D_0/c_1)=1.29$ 附近存在一个针状的凸起,这个凸起即由液滴内一次反射稀疏波的聚焦效应引起。对于当前工况,由于初始空泡的存在,受限水锤激波在传播至 USD 之前已经被空泡部分反射而削弱,其对应的一次反射稀疏波的汇聚效应也被削弱。因此,对于当前尺寸与初始速度的含空泡液滴撞壁过程,均没有出现如第 3 章中的实心液滴工况下的由一次反射稀疏波的汇聚诱发的空化现象。

初始时刻,在液滴上极点至下极点之间等间距布置了 9 个位于 y 轴上的拉格朗日监测点,以进一步对比分析两种液滴的动力学演化过程。图 4.4(a) 给出了 9 个拉格朗日监测点的初始位置示意图;图 4.4(b)则给出了两种工况下的这些监测点的移动轨迹的数值结果。其中,点线为初始含空气泡液滴内监测点的运动轨迹,实线则对应了含初始蒸气泡液滴内监测点的运动轨迹。这些监测点的运动轨迹随时变化的斜率值即该监测点处的流体质点的速度。

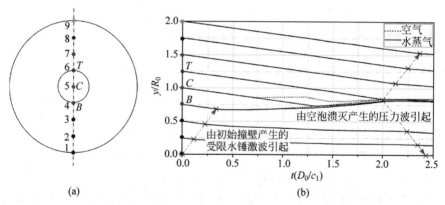

图 4.4   初始时刻布置于液柱上极点至下极点之间的 9 个均布在 y 轴上的拉格朗日监测点
(a) 初始位置的示意图;(b) 两种工况下 9 个拉格朗日监测点的移动轨迹数值结果

图 4.4 表明,除初始位于液柱下极点的监测点 1(初始撞击点)之外,其余所有监测点的运动轨迹在初始的斜率值均为 150 m/s,这也与无论是含空气泡工况还是含蒸气泡工况整个液柱在初始时刻以 150 m/s 的速度垂直撞向壁面的初始条件相符。

随后,随着液滴与壁面的碰撞,由于水锤激波的产生与运动,激波后的流体质点的速度发生变化。图 4.4 显示,由于水锤激波自下而上逐渐扩张并逐一扫过各个监测点,监测点的运动轨迹随着监测点的分布自下而上地出现拐点(在图 4.4 中由叉形符号标记)。将监测点 1~4 的轨迹中由受限水锤激波而引起的拐点相连(在图 4.4 中由带箭头虚线表示),拐点的连线为一条斜率约为 1800 m/s 的直线,连线的斜率即撞壁水锤激波的传播速度。

同时,注意到从监测点 4(空泡下极点 B)起,拐点连接线的斜率开始发生变化。这是由于激波传播至空泡后,在空泡界面发生衍射,同时在激波作用下空泡开始被压缩变形,从而使位于空泡上的监测点(监测点 4、5 和 6)在拐点之后的轨迹斜率变化较之前的监测点更为显著,空泡上的监测点的拐点连线斜率也与 1~4 号监测点的拐点连线斜率相同。

在激波运动至空泡后,空气泡上的监测点与蒸气泡上的监测点的运动轨迹开始出现差别。对于初始含空气泡的空心液滴的工况,图 4.4 显示初始位于空气泡中心的监测点 C(监测点 5)的轨迹在 $t/(D_0/c_1)=0.7$ 附近出现了第一个拐点,这与图 4.3(a)中的监测点 C 的速度随时间变化曲线中,由于透射激波的加速效应而产生的速度阶跃对应。并且在经过第一个拐点之后,该点轨迹的斜率与初始位于空泡界面下极点处的监测点 B 的斜率相同。直至在 $t/(D_0/c_1)=1.2$ 附近监测点 C 的轨迹出现了第二个拐点,这个拐点出现的时间与图 4.3(a)中反射的透射激波作用而引起的速度下降突变的时间对应。在此之后,由于各种反射、透射复杂波系的作用,图 4.4 中空气泡中监测点 C 的轨迹的斜率持续地发生变化。

对于初始含蒸气泡的空心液滴的工况,图 4.4 显示初始位于蒸气泡中心的监测点 C(监测点 5)轨迹的拐点并没有如空气泡中的监测点 C 这么早出现。直至 $t/(D_0/c_1)=1.3$ 附近,当初始位于蒸气泡界面下极点的监测点 B 的轨迹即将与监测点 C 的轨迹相交时,监测点 C 的轨迹才出现了第一个拐点,这也与图 4.3(b)中的监测点 C 出现速度阶跃的时间对应,此时蒸气泡的界面已经坍缩冷凝至此(DSC 已经输运演化至监测点 C)。此后,该工况下初始位于蒸气泡界面下极点的监测点 B 的轨迹与初始位于蒸气泡中心位置的监测点 C 的轨迹几乎重合,由于蒸气泡在坍缩过程中发生冷凝,这两个监测点至此之后对应的均是液相流体质点。

从图 4.4 中还可以看到,无论是含空气泡还是含蒸气泡的液滴,初始位于空泡上的监测点(监测点 B、C 和 T)的轨迹均在 $t/(D_0/c_1)=2.0$ 时刻附近存在一个拐点。由图 4.3 中速度随时间的变化曲线也可以看到,三个监测点均在该时刻发生速度突变。这个拐点发生的时刻与图 4.2(a4)和(b4)所示的空泡的下表面 DSC 与空泡的上表面 USC 首次接触的时刻对应,从而该拐点即由 DSC 与 USC 的撞击而产生。无论是含空气泡还是含蒸气泡的液滴,从初始位于空泡界面上极点的监测点 T 的轨迹均可以发现,在 $t/(D_0/c_1)=2.0$ 时刻之前,监测点 T 和该监测点以上的监测点(监测点 7, 8 和 9)始终随着液滴以近似匀速向下运动,直至 DSC 与 USC 发生撞击。此后,监测点 B,C 和 T 的轨迹几乎重合,而其他监测点的轨迹则以撞击时刻为起点,以监测点 B,C 和 T 轨迹重合点为中心,逐次向两侧出现拐点(拐点在图 4.4 中由叉形符号标记)。这是由于溃灭过程产生的压力波由溃灭中心(DSC 与 USC 的初始撞击点)向四周扩张运动,并逐一扫过各个监测点使流体速度发生变化(拐点之后监测点的轨迹斜率发生变化)。将这些由空泡溃灭压力波而引起的监测点轨迹拐点顺次相连(在图 4.4 中由带箭头虚线表示),连线即空泡溃灭产生的压力波的传播轨迹。

4.2.2　空泡的变形与溃灭机制

为了更直观地理解并对比液滴内两种空泡的溃灭过程,图 4.5 展示了基于水的体积分数等值线得到的 10 个不同时刻下两类空泡的轮廓形状的数值结果对比。其中,图 4.5(a)为空气泡轮廓形状,图 4.5(b)为蒸气泡轮廓形状。如前所述,水锤激波与 DSC 作用后,DSC 被加速,而受限激波则在空泡界面发生衍射,并产生一系列的反射稀疏波,这些效应均使 DSC 下方的流体被加速。中心轴附近的加速作用最显著,最终使 DSC 发生内卷,并形成指向剩余空泡的主纵向射流,而主纵向射流则进一步加剧了空泡的变形。空泡在主纵向射流的作用下被逐渐压缩,最终被刺穿,空泡的演化过程如图 4.5 所示。

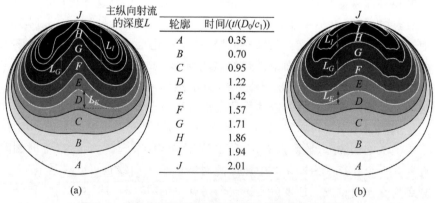

轮廓	时间/$(t/(D_0/c_1))$
A	0.35
B	0.70
C	0.95
D	1.22
E	1.42
F	1.57
G	1.71
H	1.86
I	1.94
J	2.01

(a)　　　　　　　　　　　　　　(b)

图 4.5　液柱内不同时刻空泡轮廓形状的数值计算结果
(a) 空气泡轮廓形状;(b) 蒸气泡轮廓形状
各个轮廓形状对应的时刻列于中间

在空气泡的演化过程中,空气泡在主纵向射流的作用下被逐渐压缩,被压缩的空气开始不断地排向剩余的左右两翼(排气速度可达 500 m/s)。在此过程中,由于空气泡被不断压缩再加上透射激波的来回反射,空气泡内剩余的气体压力逐渐升高。这也使对空气泡的压缩变得越来越困难。图 4.5(a)显示,主纵向射流的深度 L(DSC 的下极点与其 y 轴附近的上极点之间的垂直距离)随着空气泡被压缩变形而逐渐增加。计算结果还表明,在此过程中,排向剩余两翼的空气沿界面以约 300 m/s 的速度绕着翼尾旋转运动,因此空气泡剩余两翼的翼尾轮廓始终保持光滑的形状。

而在蒸气泡的演化过程中,同样由于激波在空泡界面的衍射而形成主纵向射流。在主纵向射流的压缩作用下,界面附近的被压缩的水蒸气一旦高于饱和蒸气压则发生冷凝,蒸气泡在主纵向射流的作用下逐渐冷凝坍缩。与空气泡不同,在蒸气泡的坍缩过程中,蒸气泡内部并没有排气过程。同时,由于在蒸气泡内部没有透射激波,蒸气泡内的气体压力并没有升高。与空气泡内的主纵向射流的深度 L 随对空气泡的压缩变难而逐渐增加不同,图 4.5(b)显示该工况对应的主纵向射流的深度 L 在蒸气泡被压缩变形过程中基本保持不变。与此同时,本书还发现,坍缩冷凝过程不仅仅发生在被主纵向射流压缩的区域,在 DSC 的内卷过程中,蒸气泡两翼末端也开始发生冷凝相变。图 4.5(b)表明,随着气泡的两翼末端逐渐坍缩冷凝,蒸气泡剩余的尾翼末端出现了非光滑且不规则的界面。因而,在溃灭后期,蒸气泡的剩余空泡体积明显小于空气泡的剩余空泡体积。

空泡的下表面 DSC 与空泡的上表面 USC 首次接触的时刻被称为"溃灭时刻"t_{collapse},即图 4.5 中的时刻 J。尽管两种工况的空泡内部的波系结构和溃灭动力学过程非常不同,但它们的溃灭时刻却非常接近。从图中还可以看到,在空泡被刺穿的时刻(t_{collapse}),两种工况所对应的剩余空泡的体积和形状均存在明显区别。

图 4.6 展示了在溃灭时刻 t_{collapse} 之后,两个工况下液滴内剩余空泡的演化过程数值结果的局部放大图。左侧为初始含空气泡液滴的局部放大图,右侧为初始含蒸气泡液滴的局部放大图。在每张云图中,左半侧为无量纲压力云图(用来区分两相界面的黑实线为水的体积分数等值线),右半侧为数值密度纹影和速度矢量分布图。对于左列含空气泡工况,其对应的时间序列为①$t/(D_0/c_1)=2.01$,②$t/(D_0/c_1)=2.06$,③$t/(D_0/c_1)=2.08$,④$t/(D_0/c_1)=2.09$ 和⑤$t/(D_0/c_1)=2.17$;对于右列含蒸气泡工况,其对应的时间序列为①$t/(D_0/c_1)=2.01$,②$t/(D_0/c_1)=2.02$,③$t/(D_0/c_1)=$

2.03，④$t/(D_0/c_1)=2.04$ 和⑤$t/(D_0/c_1)=2.07$。图 4.7 进一步给出了两类空泡后续演化机理的示意图对比。

图 4.6(a1) 和 (b1) 的压力分布云图表明，在溃灭时刻 t_{collapse}，两种工况下由 DSC 与 USC 的首次撞击产生的压力增加值很接近。这个由于界面高速撞击引起压力的水锤压力 p_h 的估算表达式为[238]

$$p_h = \rho_1 c_1 v_j \frac{\rho_1 c_1}{\rho_1 c_1 + \rho_1 c_1} = \frac{1}{2} \rho_1 c_1 v_j \qquad (4.2)$$

其中，v_j 为相互撞击的两个界面在撞击方向的速度差。由于发生撞击两侧液体的密度与声速相同，p_h 的大小由撞击界面的速度差决定。由图 4.3 中初始位于空泡上、下极点的监测点 T 和监测点 B 的速度分布曲线可以看到，空气泡工况的两个监测点在 t_{collapse} 之前的速度差与蒸气泡工况中的两个监测点速度差很接近。因此，根据式(4.2)，它们所对应的撞击时刻 DSC 与 USC 撞击产生的水锤压力 p_h 值也应接近，计算得到 t_{collapse} 时刻的水锤压力值均约为 2×10^8 Pa，该值也与计算结果吻合。空泡被刺穿后继续溃灭，图 4.2(a5) 和 (b5) 显示了两个工况产生的后续溃灭波的分布和强度开始出现明显差异。

一旦 DSC 与 USC 相遇，空泡将会被分割。若初始撞击点在中心轴上，则空泡被分割为两个部分；若初始撞击点不在中心轴上，则空泡被分割为三个部分。如图 4.6(a1) 和 (b1) 所示，由于内卷的 DSC 与 USC 的曲率差异，对于当前两个算例的 DSC 与 USC 的初始撞击点均不在中心轴上。因此，撞击后的空泡被分割为一个在中心轴上的小空泡和两个较大的轴对称分布在中心轴两侧的空泡翼。

对于空气泡的后续溃灭，在空气泡被分割后，两侧轴对称分布的空气泡翼为尖头圆尾的形状，中心轴上的残余空气泡则非常小。中心轴上的这个小空气泡将始终残余，初始时刻位于空气泡上极点、下极点和中心点的监测点 T，B 和 C，此时则位于中心轴上这个残余的小空气泡的上表面与中心轴的交点、下表面与中心轴的交点和小空气泡内部位于中心轴上的某一质点。因此，在 t_{collapse} 之后的监测点 T，B 和 C 的速度分布与运动轨迹就代表了这个小空气泡上监测点的速度和轨迹。图 4.3(a) 和图 4.4 表明，在 t_{collapse} 之后的监测点 T，B 和 C 无论是速度随时间的变化曲线还是轨迹线都几乎重合，这也与中心轴上这个残余的空气泡非常小这一事实相符。

对于两侧较大的空气泡翼的后续溃灭，图 4.6(a1) 显示在主纵向射流和界面碰撞产生的水锤压力波的作用下，空气泡翼尖端被持续压缩，空气泡

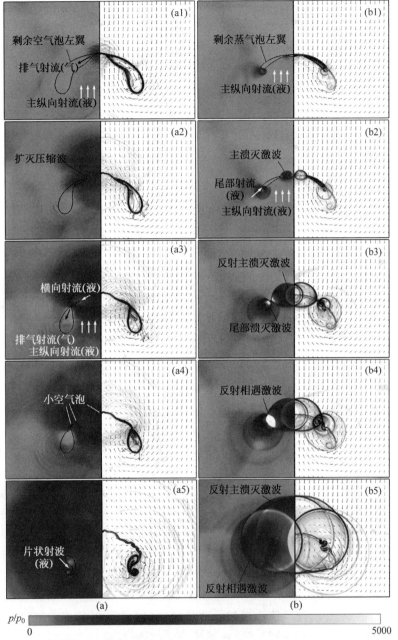

图 4.6　溃灭时刻 $t_{collapse}$ 之后液滴内剩余空泡的演化过程的数值结果的局部放大图（前附彩图）

（a）含空气泡工况；（b）含蒸气泡液工况

每幅图的宽度为 $0.2R_0$

内的气体在被压缩的过程中高速排向空泡钝头侧(光滑的尾端),并形成排气射流。排气射流的最高速度达到 1500 m/s。与此同时,空气泡翼由被压缩的尖头向钝头尾端的横向溃缩,使液体横向流动产生横向射流,液体横向射流速度可达 600 m/s。图 4.6(a2)和(a3)表明,在主纵向射流和横向射流的联合作用下,剩余的大空泡翼被进一步分割。在射流对空气泡的分割过程中,伴随着界面的碰撞与溃灭波的产生,分割过程产生的水锤压力的大小同样由界面两侧在碰撞方向的速度差决定,该过程产的最大瞬时峰值压力为 3.2×10^8 Pa。图 4.6(a4)显示,剩余的大空泡翼被进一步分割成一系列独立的小空气泡。图 4.7 也给出了该过程的演化示意图。图 4.6(a5)表明,剩余的较大的空气泡会被进一步压缩变形并被片状射流分割[240],在该分割过程中,当两侧界面发生碰撞时会断断续续地产生一系列水锤压力波,这与液体中平面激波与空气泡作用后的后续溃灭过程类似,后续的详细过程这里不再分析。

图 4.6(b1)显示,对于蒸气泡,在上下界面碰撞(溃灭时刻 t_{collapse})后,被分割而成的三部分剩余蒸气泡均在主纵向射流的作用下连续坍缩溃灭。图 4.7 右侧展示了剩余蒸气泡的演化示意图。由于空泡内为蒸气,在主纵向射流的压缩作用下,连续地发生冷凝坍缩。图 4.6(b2)显示,在中心轴上的剩余小蒸气泡两侧尖端和两翼对称分布的楔形大蒸气泡的楔形尖端均连续地存在界面碰撞并产生水锤压力波,继而叠加形成了左右两个对称的主溃灭激波。

一旦中心轴上的小蒸气泡完全溃灭,两侧主溃灭激波就会在中心轴相遇,相遇时的峰值压力达到 5.7×10^8 Pa。继而两侧主溃灭激波在中心轴发生反射,形成反射主溃灭激波,如图 4.5(b3)所示,最终中心线附近的小蒸气泡完全湮灭。由于蒸气泡完全相变湮灭后初始时刻位于空气泡上极点、下极点和中心点的监测点 T,B 和 C 处已经不再对应空泡,而是液滴中的一个液体质点。这也与图 4.3(b)所示的溃灭时刻 t_{collapse} 后三个监测点的速度分布对应。

与此同时,两翼对称分布的楔形大蒸气泡的楔形尖端与不规则的尾端均持续溃灭。图 4.6(b3)显示,楔形尖端处由于连续发生界面碰撞而持续产生水锤压力波,使主溃灭激波强度持续增加;在两翼的不规则尾端同样由于连续界面碰撞而持续产生水锤压力波,并形成尾部溃灭激波。由于楔形大蒸气泡的两端同时发生坍缩溃灭,激发了不同方向的液体射流,图 4.7 展示了该过程的示意图。其中,包括与空气泡工况下的横向射流类似的位于尖端前缘指向坍缩方向的横向射流(射流的范围相对较小,横向射流的速度约为 400 m/s)和位于楔形蒸气泡不规则末端尾缘指向蒸气泡坍缩方向的尾部射流(尾部射流速度约为 800 m/s)。尾部射流也随着界面的不断相变坍缩强度逐渐增加,并进一步加剧了剩余蒸气泡的坍缩溃灭。

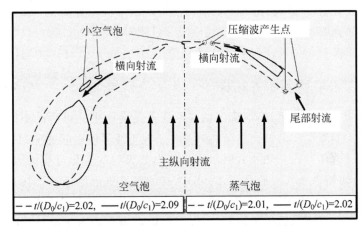

图 4.7　$t_{collapse}$ 之后液滴内剩余空泡的演化示意图
左半侧为空气泡工况;右半侧为蒸气泡工况

剩余蒸气泡的坍缩溃灭持续发生,直至横向射流与尾部射流相遇并发生高速撞击,使剩余的楔形蒸气泡完全湮灭。与此同时,主溃灭激波与尾部溃灭激波相遇,出现了蒸气泡溃灭过程的压力极大值,其峰值压力约达 14.9×10^8 Pa。图 4.6(b4)表明,一旦主溃灭激波与尾部溃灭激波相遇,它们会相互反射而产生强度更高的反射相遇激波。图 4.6(b5)显示,此时液滴内的蒸气泡已经完全消失,这些在蒸气泡溃灭过程中产生的一系列激波(后文统称为"溃灭激波")会继续在液柱内运动,溃灭激波的强度会随着其扩张运动而逐渐下降。

通过对两种工况下 $t_{collapse}$ 之后液滴内剩余空泡演化过程进行对比可以发现,空泡溃灭机制的不同最终导致了它们对应的波系结构和流场的不同。

对于空气泡的工况,溃灭的主要机制为由受限水锤激波触发的对空气泡的压缩。空气泡在被压缩过程中排掉空气的空间被液态水填充和占据,并产生了不同方向的液体射流,包括主纵向射流、横向射流和片状射流等。空气泡最终被分割为一系列独立的小空气泡,并且由于分割过程中界面的撞击断断续续地产生了一些压力波。对于当前工况,空气泡溃灭的过程中并没有观察到有强烈的激波产生。

对于蒸气泡的工况，溃灭的主要机制是由受限水锤激波触发的蒸气泡的持续坍缩冷凝。在 t_{collapse} 之后，连续的坍缩冷凝使界面碰撞持续发生，直至整个蒸气泡完全溃灭。由于存在持续的界面碰撞，产生的水锤压力波得以连续叠加，使该过程产生极强的溃灭激波，不同位置的溃灭激波还会相互反射并叠加，使当前工况下蒸气泡溃灭过程对应的峰值压力（15×10^8 Pa）为对应工况空气泡溃灭过程产生的峰值压力（3.18×10^8 Pa）的四倍以上。

4.2.3　水平壁面受力分析

由前文的分析可知，液滴内的空泡溃灭后会产生一系列的不同强度和不同结构的溃灭压力波。本节将对两种工况下溃灭波引起的壁面压力的变化进行讨论和对比。图 4.8 展示了液滴内溃灭波的演化过程的数值结果，图（a）为初始含空气泡的液滴，图（b）为初始含蒸气泡的液滴。在每张云图中，左半侧为无量纲压力云图（用来区分两相界面的黑实线为水的体积分数等值线），右半侧为数值密度纹影图。图 4.8（a）含空泡工况对应时间序列为①$t/(D_0/c_1)=2.47$ 和②$t/(D_0/c_1)=2.57$；图（b）含蒸气泡工况对应时间序列为①$t/(D_0/c_1)=2.40$ 和②$t/(D_0/c_1)=2.52$。

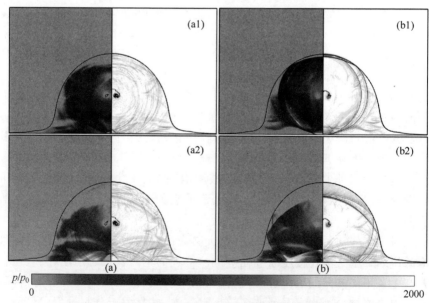

图 4.8　液滴内溃灭波的演化过程的数值结果（前附彩图）

（a）初始含空气泡液滴；（b）初始含蒸气泡液滴

对于初始含空气泡的液滴(图 4.8(a)),由于内部空气泡在溃灭的过程中断断续续地碰撞界面,产生了一系列不规则断断续续向外扩张的溃灭压缩波,随后它们被壁面和液柱表面逐一反射;而对于初始含蒸气泡液滴(图 4.8(b)),在蒸气泡冷凝溃灭的过程中持续地存在界面碰撞,并产生了几道规则的在液滴内扩张运动的溃灭激波,随后也被壁面和液柱表面反射。

由于水的声阻远大于空气的声阻,溃灭压力波/激波传播至液柱表面后反射波为稀疏波,而固壁声阻又远大于液体的声阻(本书中的固壁声阻被视为无限大),溃灭压缩波/激波传播至固壁反射波仍然为压缩波/激波。溃灭压缩波和溃灭激波在刚性壁面上的反射使壁面在反射区承受了相当大的压力。其中,对于初始含空气泡的工况,由于溃灭压力波的反射在固壁引起局部峰值压力为 2.28×10^8 Pa;对于初始含蒸气泡的工况,由溃灭激波的反射在固壁引起的局部峰值压力为 2.76×10^8 Pa。由两类空泡溃灭引起的壁面局部压力极大值均为初始压力 p_0 的 2000 倍以上。虽然,这一极值没有初始撞击时的水锤压力 p_h 大,但由于此时液滴已经得到一定的铺展,随着溃灭压力波的运动,其影响范围远大于撞击第一阶段的受限水锤激波的影响范围。而实心液滴高速撞击壁面过程则不会引起这样大范围的壁面压力增加。

为了监测该过程中壁面受撞击区域的整体受力,本书对不同时刻下 x 轴上 $[-R_0, R_0]$(液滴初始宽度对应的壁面范围,也是液滴高速撞击影响的核心区域)的压力值进行了监测,获得了液滴高速撞击影响的核心区域的平均受力情况。对于初始含空气泡的工况,壁面在 $[-R_0, R_0]$,由溃灭压力波引起的平均压力的最大值为 0.95×10^8 Pa;而对于初始含蒸气泡的工况,在该监测区间内由溃灭激波引起的平均压力的最大值为 1.04×10^8 Pa。这两个值均达到了 p_0 的 1000 倍。

对于含空泡液滴的撞壁过程,除了与高速实心液滴撞击过程中类似的、撞壁第一阶段在很小的局部区域内对壁面产生很高的水锤压力之外,内部空泡溃灭后引起的溃灭压力波还会对壁面在与液滴尺寸相当宽的范围内产生相当高的压力,使壁面整体承受很高的压力。

4.3　空泡尺寸与液滴初始速度的影响

本节研究了初始撞击速度和空泡尺寸对空心液滴演化动力学的影响,基本的物理模型的设置与图 4.1 相同。与之前的章节一致,本节设置了截

面初始直径 $D_0(D_0=2R_0)$ 为 10 mm 的准二维水柱的高速撞击壁面问题。对于内嵌的蒸气泡的初始半径 $r_0=0.25R_0$ 的空心液滴，初始速度 v_0 为分别设置为：50 m/s，100 m/s，150 m/s 和 200 m/s；对于初始速度 v_0 为 150 m/s 的液滴，其内嵌的空泡（空气泡/蒸气泡）的初始半径 r_0 分别设置为：$0.125R_0$，$0.25R_0$，$0.375R_0$ 和 $0.5R_0$。

4.3.1　空泡溃灭时间

如前文所述，初始时刻 t_0 记为液滴刚刚与壁面接触的时刻，空泡的下表面 DSC 与空泡的上表面 USC 首次撞击的时刻被称为"溃灭时刻 $t_{collapse}$"。溃灭时刻可以表示为受限激波与空泡接触的时刻 t_s 与空泡的特征溃灭时间 τ_c 之和，即

$$t_{collapse}=\tau_c+t_s=\tau_c+\frac{R_0-r_0}{v_s} \tag{4.3}$$

其中，R_0 为液柱的初始半径，r_0 为空泡的初始半径，v_s 为激波的平均速度。根据之前的讨论，可以得到 v_s 的近似估算：$v_s \approx c_1+2v_0$。特征溃灭时间 τ_c 定义为从受限激波与空泡作用的时刻到 DSC 与 USC 首次撞击的时刻之间的时间差。

为了获得当前高速含空泡液柱撞壁工况下内部空泡溃灭特征时间 τ_c 的理论估算值，参考了式(2.78)的二维瑞利溃灭问题的瑞利溃灭时间（$\tau_{c\_R}^{2D}$）表达式，以给出当前工况的理论估算表达式。可以看到，对于瑞利溃灭问题，影响溃灭特征时间的主要因素是初始空泡尺寸和空泡界面两侧的压差，在当前的工况中，虽然空泡的溃灭过程发生于有限的空间中，但与瑞利溃灭过程相同，溃灭过程仍主要是由界面压差引起的（受限激波的作用）。在此，驱动压力为 p_s，即受限激波与空泡初始作用时刻的波后压力，同时考虑非对称溃灭效应的影响，溃灭系数 C_R 的取值应与瑞利溃灭的系数不同。

考虑空泡与液滴的相对大小和初始速度的影响，特征溃灭时间 τ_c 和溃灭系数 C_R 的理论估算表达式如下：

$$\tau_c=C_R r_0 \sqrt{\frac{\rho_1}{p_s-p_c}}, \quad C_R=\sqrt{\frac{v_s}{2v_0(1-r_0/R_0)}} \tag{4.4}$$

其中，R_0 为液滴的初始半径，r_0 为液滴内部空泡的初始半径，溃灭系数 C_R 的表达式为通过数值模拟结果拟合而得。由于空泡内部的初始压力 p_c 的值比 p_s 小得多，无论是初始含空气泡还是含蒸气泡的液滴，空泡内部的初

始压力 p_c 的影响均可以忽略不计。因此,对于相同初始速度下含相同初始空泡尺寸的两种液滴,由式(4.4)得到的两种情况下的理论估算值非常接近,这也与数值模拟的结果吻合。图 4.9 给出了不同初始半径和不同初始撞击速度下特征溃灭时间 τ_c 的数值计算结果与理论估算值的对比。其中,实心圆点为含空气泡工况的数值结果,实心矩形点为含蒸气泡工况的数值结果,虚线为根据式(4.4)得到的对应的理论估算值。

含不同初始半径的空气泡/蒸气泡的空心液滴以 150 m/s 的速度撞击壁面的特征溃灭时间 τ_c 的模拟结果与理论估算曲线如图 4.9(a)所示。结果表明,τ_c 随初始空泡半径的增加而增加,且数值结果与理论估算吻合良好。此外,由式(4.4)可知,由于 τ_c 主要取决于 p_s 和 r_0,虽然液滴内部两种空泡的溃灭机理不同,但由于 τ_c 的主要决定因素相同,两种空泡的溃灭时间曲线十分接近。

图 4.9(b)给出了不同初始撞击速度下含初始半径 $0.25R_0$ 的蒸气泡的空心液滴撞击壁面的特征溃灭时间 τ_c 的结果模拟结果与理论估算曲线。结果表明,τ_c 随初始撞击速度的增加而减小,这是由于撞壁水锤激波的强度随着初始碰撞速度的增加而增加。如图所示,仿真结果与理论结果基本一致,随着初始冲击速度的降低,偏差有所增大。

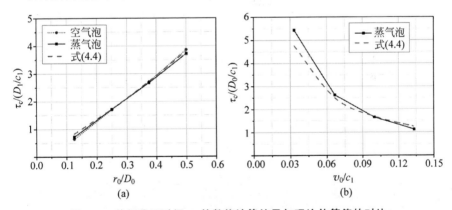

图 4.9　特征溃灭时间 τ_c 的数值计算结果与理论估算值的对比

(a) 含不同初始半径的空气泡/蒸气泡的液滴以 150 m/s 的速度撞击壁面的结果；(b) 不同初始撞击速度下含初始半径 $0.25R_0$ 的蒸气泡的液滴撞击壁面的结果

此外,由于液滴内的蒸气泡初始时刻即处于非平衡状态(界面两侧存在一定的压力差),即使液滴没有撞壁,也会自行发生瑞利溃灭。然而,由这个初始压差引起的瑞利溃灭过程与撞壁水锤激波引起的非对称溃灭过程相比是一个相对缓慢的过程,瑞利溃灭的特征溃灭时间 τ_c 要长得多。以本书 ($r_0=0.25R_0$,$v_0=150$ m/s)的工况为例,其对应的蒸气柱的瑞利溃灭时间约为 170 μs,远长于当前的水锤激波作用下对应的特征溃灭时间 τ_c(约 10 μs)。因此,瑞利溃灭不是当前工况下的主导过程,本书不讨论其影响。

4.3.2　溃灭峰值压力

空泡溃灭产生的峰值压力可以代表空泡溃灭过程的剧烈程度,本节分析了不同工况下液滴高速撞击壁面过程中内部空泡溃灭产生的最大压力 p_{max}。图 4.10 给出了不同工况下 p_{max} 与 p_s 的对比曲线。其中,实心圆点为含空气泡工况的结果;实心矩形点为含蒸气泡工况的结果;虚线为不同工况下 p_s 的值,即受限水锤激波刚开始与空泡接触时的波后压力值。

由图 4.10 可见,无论是对于含空气泡还是含蒸气泡的工况,p_{max} 均大于对应工况下的 p_s,即空泡与激波的相互作用可能会导致由于强制溃灭而引起的压力放大。

图 4.10(a)显示不同初始半径下空气泡工况的 p_{max} 值变化不大,但始终小于蒸气泡工况的值。然而,图 4.10(a)和(b)显示对于当前的蒸气泡工况,随着蒸气泡尺寸或者初始速度的变化,p_{max} 的值变化显著。这是由于 p_{max} 的值很大程度上取决于蒸气泡溃灭过程中流场的局部流动结构和波

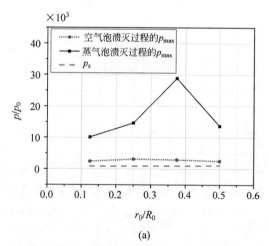

图 4.10　不同工况下 p_{max} 与 p_s 的对比曲线

(a) 含不同初始半径的空气泡/蒸气泡的液滴以 150 m/s 的速度撞击壁面的结果;

(b) 不同初始撞击速度下含初始半径 $0.25R_0$ 的蒸气泡的液滴撞击壁面的结果

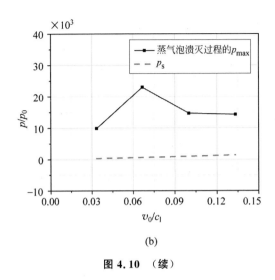

(b)

图 4.10　（续）

系演化。以图 4.10(a)中的各工况为例,最大值出现在初始蒸气泡半径 $r_0 = 0.375R_0$ 的情况下,p_{max} 可以达到将近 $30 \times 10^8 \mathrm{Pa}$,约为 p_s 的近 30 倍。由 4.3.2 节的讨论可知,在 $r_0 = 0.25R_0$ 工况下,p_{max} 发生在横向射流与尾部射流碰撞的时刻。当初始半径从 $0.125R_0$ 至 $0.375R_0$ 时,横向射流与尾部射流的强度均逐渐增大,导致射流撞击时刻的速度差增大,故 p_{max} 的值增大。而对于 $0.5R_0$ 的工况,由于蒸气泡的曲率与受限激波波面曲率相当,其对应的主纵向射流宽度小于初始蒸气泡直径。因此,在 $0.5R_0$ 的工况下,蒸气泡溃灭的过程中没有产生明显的尾部射流,故而没有出现之前工况中的两股射流高速撞击的情况,所以其对应的 p_{max} 的值相对于之前的工况反而有所减小。

4.3.3　壁面受力分析

在液滴高速撞击壁面的过程中,壁面承受的压力是工业应用中的一个重要关注点。本节分析了液滴撞击壁面过程中空泡初始半径和初始速度对壁面平均压力的影响。图 4.11 给出了不同工况下壁面上监测范围$[-R_0, R_0]$内平均压力的最大值 p_{wall_max}。其中,实心圆点为含空气泡工况的结果,实心矩形点为含蒸气泡工况的结果,实心三角点与空心三角点分别为蒸气泡工况的 $t_{interaction}$ 与 $t_{interaction} - t_{collapse}$ 的值。其中,$t_{interaction}$ 为 p_{wall_max} 对应的时刻。

如图 4.11(a)所示,总体而言,无论是含空气泡还是含蒸气泡液滴,$p_{\text{wall\_max}}$ 均随着空泡的初始半径增大而增大。这是由于在液滴以相同速度撞壁的情况下,无论是空气泡还是蒸气泡的溃灭,空泡增大都意味着溃灭过程中界面碰撞的增加,从而产生更多的水锤压力波。对于初始含蒸气泡的工况,更多的连续界面撞击会使压力波叠加产生的溃灭激波更强,从而溃灭波对壁面的作用力也增大。然而,图 4.11(a)显示,含初始半径为 $0.5R_0$ 的空气泡工况中的 $p_{\text{wall\_max}}$ 的变化趋势却有所不同,其较含半径更小的空气泡工况的 $p_{\text{wall\_max}}$ 明显下降。

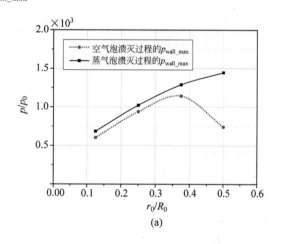

(a)

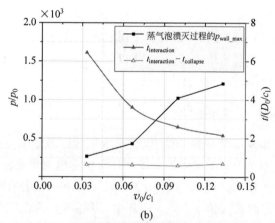

(b)

图 4.11　不同工况下的壁面监测区域的 $p_{\text{wall\_max}}$

(a) 含不同初始半径的空气泡/蒸气泡的液滴以 150 m/s 的速度撞击壁面的结果;

(b) 不同初始撞击速度下含初始半径 $0.25R_0$ 的蒸气泡的液滴撞击壁面的结果

根据 4.3.2 节对空气泡后期溃灭过程的分析可知,空气泡的后期溃灭为在各种射流的作用下断续地分割剩余空气泡为一系列小空气泡的过程,该过程会断续地产生一些水锤压力波。即一方面,之前产生的溃灭压力波向四周扩张运动,另一方面不断有新的压力波产生。对于含初始半径为 $0.5R_0$ 的空气泡的液滴,内部空气泡的后期溃灭过程亦是如此,只是这种断续分割持续的时间更长,前期界面碰撞产生的压力波已经传播至壁面,而后续的溃灭压力波仍在继续产生。因此,对于这一含较大空气泡的液滴,其空气泡溃灭过程引起的壁面 $[-R_0,R_0]$ 的 $p_{\text{wall\_max}}$ 虽然减小,但壁面受溃灭压力波作用的时间增长。

此外,图 4.11(a)显示蒸气泡的溃灭引起的 $p_{\text{wall\_max}}$ 高于对应工况下空气泡引起的 $p_{\text{wall\_max}}$。由之前的分析可知,蒸气泡连续地产生的溃灭波的强度大于空气泡断续产生的溃灭波的强度,因而蒸气泡工况的溃灭波对壁面的作用力也更大。

图 4.11(b)给出了不同初始碰撞速度下含初始半径 $0.25R_0$ 的蒸气泡的空心液滴撞击壁面 $p_{\text{wall\_max}}$ 的结果。总体而言,$p_{\text{wall\_max}}$ 的值随着液滴初始撞击速度的增加而增大,这是因为水锤激波强度随初始速度增加而增大。图 4.11(b)还比较了各工况下 $p_{\text{wall\_max}}$ 发生瞬间的时间(记为 $t_{\text{interaction}}$),以及 $t_{\text{interaction}}-t_{\text{collapse}}$ 的值(近似等于溃灭波从产生到引起 $p_{\text{wall\_max}}$ 所需的时间)。如图 4.11(b)所示,$t_{\text{interaction}}$ 随初始速度的增加而减少,而 $t_{\text{interaction}}-t_{\text{collapse}}$ 的值则几乎不变,这说明 $t_{\text{interaction}}$ 的减少主要是由于 4.4.1 节讨论的 τ_c 的减少所致。

4.4　空泡位置的影响

本节研究了不同空气泡初始位置对空心液滴高速撞击壁面过程中演化动力学的影响,基本物理模型的设置如图 4.12 所示。与之前的章节一致,本节设置了截面初始直径 $D_0(D_0=2R_0)$ 为 10 mm 的准二维水柱的高速撞壁问题。对于内嵌的蒸气泡的初始半径 $r_0=0.25R_0$ 的空心液滴,初始速度 v_0 为 150 m/s,其内嵌的空气泡中心的坐标 y_{Cn} 分别为:①$5/3R_0$,②$4/3R_0$,③R_0,④$2/3R_0$ 和⑤$1/3R_0$。

图 4.13 给出了 5 个工况下,在含不同初始位置的初始半径为 $0.25R_0$ 的空气泡的空心液滴以 150 m/s 的速度撞击壁面过程中,受限激波与空气泡作用时刻 t_s 与空气泡溃灭并产生溃灭波的时刻的数值结果。同样地,取

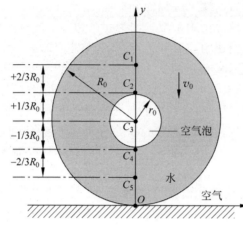

图 4.12　含不同初始位置空气泡的高速液滴撞壁问题示意图

起始时间点 t_0 为液滴刚刚接触到刚性壁面的时刻。其中,图(a)对应不同工况下受限激波与空气泡作用时刻 t_s 的数值结果;图(b)对应空气泡溃灭并产生溃灭波时刻的数值结果。在每张云图中,左半侧为无量纲压力云图(用来区分两相界面的黑实线为水的体积分数等值线),右半侧为数值密度纹影图。图 4.13 中不同工况数值结果对应的时间序列分别为,工况①: a. $t/(D_0/c_1)=0.69$ 和 b. $t/(D_0/c_1)=3.39$;工况②:a. $t/(D_0/c_1)=0.52$ 和 b. $t/(D_0/c_1)=2.71$;工况③:a. $t/(D_0/c_1)=0.36$ 和 b. $t/(D_0/c_1)=2.21$;工况④:a. $t/(D_0/c_1)=0.19$ 和 b. $t/(D_0/c_1)=1.76$;工况⑤: a. $t/(D_0/c_1)=0.04$ 和 b. $t/(D_0/c_1)=1.52$。

　　由图 4.13 的数值结果可以看到,与之前的分析类似,液滴在高速撞壁后产生了受限水锤激波。扩张型受限激波在逐渐扫过整个液滴的过程中与液滴内部的空气泡作用,并在空泡表面发生衍射使其强度被削弱。液柱内部的空泡由于受到激波的作用,逐渐被压缩直至上下两侧界面发生碰撞,随后空泡继续溃灭,并且产生由于空化溃灭而形成的向四周传播的压力波。由于受限激波与不同初始位置空气泡作用时的强度有所不同,空气泡的最终溃灭形态和溃灭过程产生的压缩波的强度均有所不同。

　　图 4.14 给出了当前 5 个不同的工况下受限水锤激波与空气泡作用时的时间 t_s 与激波波后压力 p_s,以及空气泡溃灭过程产生的最大溃灭压力 p_{max} 的对比结果。图 4.14(a)显示,空气泡初始位置离壁面越远(y_{Cn} 越大),则受限激波传播至空泡所用的时间越长(t_s 越大)。由之前的分析可知,

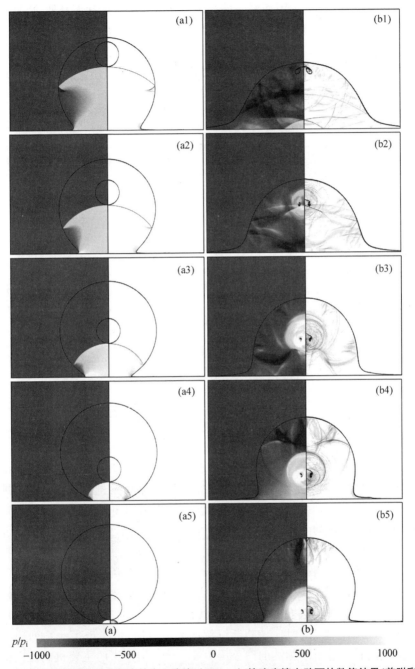

p/p_i

-1000　　　　　-500　　　　　0　　　　　500　　　　　1000

图 4.13　含不同初始位置空气泡的空心液滴以 150 m/s 的速度撞击壁面的数值结果（前附彩图）

受限激波为扩张型波,因而激波的强度会随着其扩张运动而减弱,因此扩张时间越长波后压力越弱(t_s 越大,p_s 越小)。与空气泡作用时刻激波的强度越高,则空气泡的溃灭过程也越剧烈,从而对应溃灭波强度也更高。此外,由图 4.14(b)的空气泡溃灭过程产生的最大溃灭压力 p_{max} 分布曲线还可以看到,总体而言 p_{max} 随着 y_{Cn} 的增大而减小,这也很大程度上与 p_s 的变化规律相关。

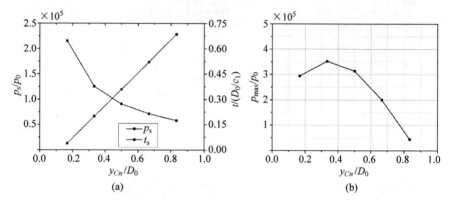

图 4.14 含不同初始位置空气泡的空心液滴以 150 m/s 的速度撞击壁面过程中特征量的变化

4.5　本 章 结 论

本章分别针对含空气泡和蒸气泡的两种空心水滴高速撞击刚性水平壁面过程进行了数值研究,详细分析了水滴和内部空泡在撞击过程中的动力学规律,对两类含空泡液滴的内在波系结构、空泡溃灭机制与壁面受力进行了详细对比分析,并讨论了初始速度、空泡初始尺寸和空泡初始位置对该过程的影响。本章的主要研究结论如下:

含空泡液滴高速撞击壁面后产生的受限水锤激波与空泡相互作用,使空泡下表面发生内卷,形成主纵向射流,在主纵向射流的作用下空泡被逐渐压缩溃灭。在高速撞壁过程中,液滴内空气泡溃灭的主要机制为由受限水锤激波诱发的空气泡被不同的液体射流(包括主纵向射流、横向射流和片状射流等)压缩分割,同时伴随断断续续的界面碰撞,最终产生一系列独立的小空气泡和一些断断续续的溃灭压力波。蒸气泡溃灭的主要机制是由受限水锤激波诱发蒸气泡的持续坍缩冷凝。在溃灭时刻 $t_{collapse}$ 之后,连续的坍缩冷凝使界面碰撞持续发生,直至整个蒸气泡完全湮灭。连续产生的水锤压力波得以连续叠加,并产生一系列的极强的溃灭激波。溃灭激波的相互反射与叠加使相同初始速度下蒸气泡溃灭过程对应的峰值压力远高于对应空气泡的工况。

通过对含不同空泡初始半径和初始碰撞速度的空心液滴的研究,发现增加初始速度以及在一定范围内增大空泡初始半径,可以有效增加空泡溃灭过程中的最大峰值压力 p_{max} 和壁面平均受力 p_{wall_max}。在相同的初始速度和空泡尺寸下,含蒸气泡液滴的 p_{max} 和 p_{wall_max} 均较含空气泡液滴的情形大。空泡的溃灭时间主要取决于与空泡作用时水锤激波的强度和空泡的大小,虽然在空心液滴高速撞壁的过程中,两种空泡的演化动力学不同,但两种空泡的溃灭时间非常接近。

通过对比空气泡处于 5 个不同初始位置的空心液滴的高速撞壁过程,发现空气泡初始位置离壁面越近(y_{Cn} 越小),受限激波与空泡作用时激波强度越强,对应的空气泡的溃灭过程也越剧烈。

第5章 液滴高速撞击曲形固体壁面

本章着眼于高速液滴撞击曲形固体壁面问题,通过数值模拟研究液滴动力学规律、空化产生与溃灭机制,以及固体壁面受力等规律,力图为壁面减损/增损机制提供理论依据。

5.1 物 理 模 型

本章将液滴的初始速度分别取为 50 m/s,150 m/s 和 300 m/s,液滴的初始尺寸与实验中的液滴尺寸一致[88-89],即 $R_0 = 2.5$ mm。依据文献[88]的研究,复原凹壁构型与碰撞液滴的几何关系,如图 5.1(a) 所示,其中,$R_0 = 2.5$ mm,$r_0 = 1.5$ mm,两者相切于 A_c 点,切角为 19°。凸壁构型的几何如图 5.1(b) 所示,$R_0 = 2.5$ mm,$r_0 = 1.5$ mm,两者相切于 A_c 点,切角为 19°。与第 3、4 章的分析类似,在本章讨论的时间尺度内,黏性、表面张力与重力的影响可以忽略。

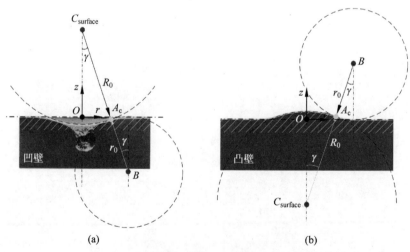

(a)   (b)

图 5.1 数值模拟工况的曲形表面形状示意图

(a) 凹壁工况;(b) 凸壁工况

图 5.2 给出了高速液滴撞击凹壁、凸壁工况初始时刻的示意图。如图 5.2(a) 所示,对于凹壁工况,由于壁面的曲率与液滴界面在接触区附近的曲率方向相同,因此将凹壁工况视为同向曲率工况。对于如图 5.2(b) 所示的凸壁工况,壁面的曲率与液滴界面在接触区附近的曲率方向相反,因此将凸壁工况视为异向曲率工况。曲形固体壁面处采用了浸没边界方法进行数值处理[241]。其余计算条件与边界条件的设置均与第 3 章一致。

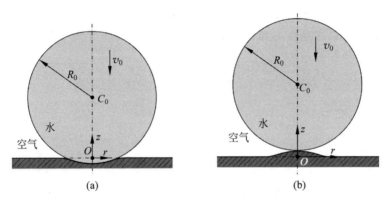

图 5.2　液滴高速撞击曲形表面的初始时刻示意图

(a) 凹壁工况;(b) 凸壁工况

5.2　撞击液滴中受限水锤激波的演化规律

前文研究表明,在高速液滴与水平刚性表面撞击的过程中,液体的可压缩性会使液滴内部产生向远离壁面方向传播的受限水锤激波。根据一维激波水锤理论,液体高速撞击刚性壁面的瞬间在撞击点产生的水锤压力为 $\rho_1 v_0 c_1$,ρ_1 为液体的密度,v_0 为初始撞击的速度,c_1 为液体的声速。根据惠更斯原理,在液滴撞击的过程中,每个新产生的撞击点都会发射一个独立的压缩小波,这些压缩小波的包络线即受限水锤激波波面的几何形状。

5.2.1　受限水锤激波的产生

当高速液滴撞击曲形表面时,每一个撞击点 S 处的水锤压力的值正比于撞击液体在撞击点 S 处沿壁面法向的分速度(v_S)。对于图 5.3(a) 所示的液滴撞击凹壁的工况,在初始碰撞时刻,撞击点 S 的水锤压力为 $\cos\theta_S \times$ $(v_0\rho_1c_1)$。其中,撞击角 θ_S 定义为撞击点 S 的切线与水平方向的夹角。根据凹壁的几何形状可知,在初始撞击时刻,液滴与壁面的接触区域(发生碰撞的区域)为一段圆弧,该段圆弧对应的撞击角 θ_S 的值处于 $[-\gamma,\gamma]$。因此,不同撞击点 S 处的水锤压力值是不同的。对于图 5.3(b)所示的液滴撞击凸壁的工况,在初始碰撞时刻只有一个位于 z 轴上的接触点 S,其对应的撞击角 $\theta_S = 0°$。根据惠更斯理论,在初始撞击时刻,对于凹壁工况会在初始碰撞的圆弧段产生一系列的压缩小波,而对于凸壁工况则只在初始撞击点产生一个压缩小波。

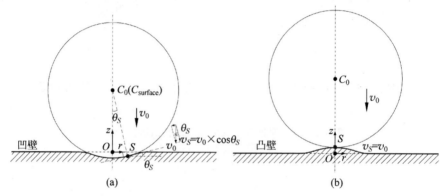

图 5.3　液滴与曲面碰撞初始时刻的接触区速度示意图
(a) 凹壁工况; (b) 凸壁工况

在初始撞击时刻之后,两种工况下液滴与壁面的接触区域都会随着碰撞的继续而扩展。图 5.4 给出了初始撞击速度为 150 m/s 的液滴撞击两种构型的曲壁后在 0.17 μs 时刻压力云图的数值结果和相应的小波示意图,图 5.5 进一步给出了两种工况下该时刻撞击区域的局部放大图。根据第 3 章的分析可知,这些压缩小波均以当地声速扩张传播,为了简化分析,可以近似地认为这些小波的传播速度相同,且均为常数。与高速液滴撞击平直壁面不同,受凹型壁面几何结构的影响,这些压缩小波的包络线在初始阶段为下凹形的曲线,即该时刻的受限激波波面形状。当高速液滴撞击凸壁时,初始接触区域为一个点,这与液滴撞击平直壁面时相似,在撞击初始时刻会从初始撞击点产生一个压缩小波,而随着液滴对凸面的不断撞击,也会随着接触区的向外扩张从新产生的撞击点发射出新的压缩小波。因此,对于凸壁工况,由图5.4(b)及其局部放大图(图5.5(b))可见,这些压缩小波的包络线在初始阶段为上凸形的曲线,即受限激波波面形状。受到上凸形的壁面结构的影响,这一水锤激波的波面曲率比平直壁面时对应的水锤激波波面曲率更大。

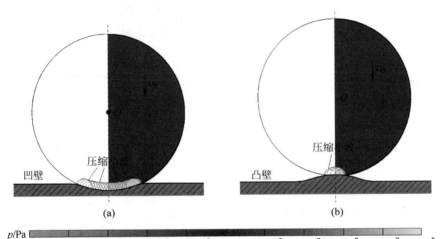

图 5.4　初始速度为 150 m/s 的液滴撞击曲壁后 0.17 μs 时刻的压力云图数值结果(右半侧)和相应的小波分析示意图(左半侧)(前附彩图)

(a) 凹壁工况;(b) 凸壁工况

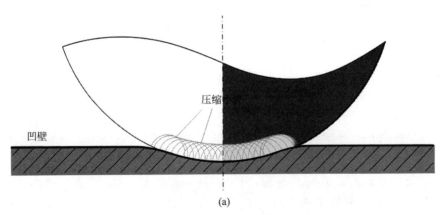

图 5.5　与图 5.4 相对应的撞击区域的局部放大图(前附彩图)

(a) 凹壁工况;(b) 凸壁工况

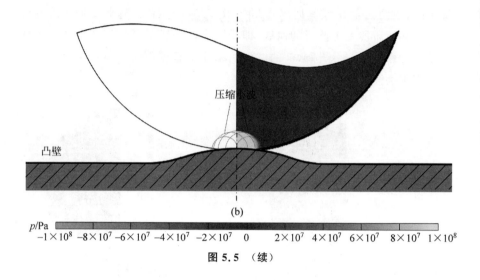

图 5.5 （续）

5.2.2　水锤激波与壁面的脱离

与液滴撞击水平壁面的过程类似,初始阶段液滴与壁面接触区域向两侧扩张的速度极大(初始时刻趋于无穷大)。随着撞击过程的进行,接触区端点处液滴表面切线与固壁表面切线的交角逐渐增大,液滴与壁面接触区向外围的扩张速度逐渐减小。在接触区域向两侧拓展的速度大于激波传播速度的阶段,持续产生新的小波构成水锤激波波面,维持了水锤激波与壁面的接触与关联。

由第 3 章高速液滴撞击平直壁面的研究结果可知,存在激波与壁面发生脱离的临界时刻 t_c,这一临界时刻与液滴界面、壁面的相对几何形状密切相关。

图 5.6(a)和(b)分别给出了初始时刻(t_0 时刻)和极短时间后的某个时刻(t_1 时刻,受限激波与壁面脱离前的某一时刻)液滴撞击凹壁与凸壁的示意图。如图 5.6 所示,A 点为接触区域的端点,α 为 A 点处液滴表面切线与固壁表面切线的夹角,图中还进一步给出了点 A 处的速度三角形,其中,v_A 为触区域的端点 A 的绝对速度,v_{AC} 为点 A 相对于液滴的中心点 C 的相对速度,v_0 为液滴撞击壁面的初始速度。下面将对两种工况接触区域端点 A 的动力学行为和激波脱离壁面的临界时刻 t_c 进行分析。

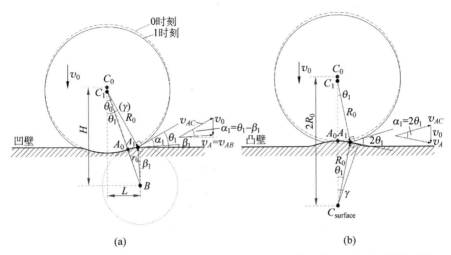

(a)　　　　　　　　　　　　　　(b)

图 5.6　初始时刻（t_0）和激波脱离壁面前某一时刻（t_1）液滴撞击两种曲壁的示意图

（a）凹壁工况；（b）凸壁工况

1. 凹壁工况

对于图 5.6(a)所示的液滴撞击凹壁的工况，A 点处液滴表面切线与壁面切线的夹角 α 等于 $\theta - \beta$，其中，θ 为 A 点处液滴表面的切线与水平线的夹角，β 为 A 点处壁面切线与水平线的夹角。在初始时刻（$t_0 = 0$），夹角 $\alpha_0 = 0°$（$\beta_0 = \theta_0 = \gamma$）。在 t_1 时刻，点 A 在竖直方向的速度分量为

$$v_{AC}\cos\theta_1 = v_A\cos\beta_1 \tag{5.1}$$

点 A 在水平方向的速度分量为

$$v_{AC}\sin\theta_1 - v_A\sin\beta_1 = v_0 \tag{5.2}$$

结合式(5.1)和式(5.2)，可得

$$v_{AC}\sin\theta_1 - v_{AC}\cos\theta_1\tan\beta_1 = v_0 \tag{5.3}$$

如图 5.6(a)所示，L 为圆心 C_0 到圆心 B 之间的水平距离。在 t_0 时刻有

$$L = (R_0 + r_0)\sin\theta_0 \tag{5.4}$$

在 t_1 时刻有

$$L = R_0\sin\theta_1 + r_0\sin\beta_1 \tag{5.5}$$

结合式(5.4)和式(5.5)，可得

$$(R_0 + r_0)\sin\theta_0 = R_0\sin\theta_1 + r_0\sin\beta_1 \tag{5.6}$$

若已知 v_{AC}，则结合式(5.3)和式(5.6)，可以求解出 θ_1 和 β_1。

此外，如图 5.6(a)所示，H 为圆心 C_0 到圆心 B 之间的垂直距离。在 0 时刻有

$$H = (R_0 + r_0)\cos\theta_0 \tag{5.7}$$

在 1 时刻有

$$H = R_0\cos\theta_1 + r_0\cos\beta_1 + v_0(t_1 - t_0) \tag{5.8}$$

由于 $t_0 = 0$，结合式（5.7）和式（5.8），代入 θ_1 和 β_1 的值，则可得 t_1 的表达式：

$$t_1 = \frac{(R_0 + r_0)\cos\theta_0 - R_0\cos\theta_1 - r_0\cos\beta_1}{v_0} \tag{5.9}$$

当 v_{AC} 值与激波的运动速度相等，即激波的传播速度恰好与接触区端点 A 向外扩张的速度相等时，对应的交角 α 和时间 t 即临界交角 α_c 和临界时间 t_c。

2. 凸壁工况

对于图 5.6(b)所示的液滴撞击凸壁的工况，当接触区的端点 A 仍沿着半径为 R_0 圆心为 C_0 的圆弧扩展时，A 点处液滴表面切线与壁面切线的夹角 α 等于 2θ。其中，θ 为 A 点处液滴表面的切线与水平线的夹角。在初始时刻（$t_0 = 0$），夹角 $\alpha_0 = 0°（\theta_0 = 0°）$。在 t_1 时刻，点 A 在竖直方向的速度分量为

$$2v_{AC}\sin\theta_1 = v_0 \tag{5.10}$$

若已知 v_{AC}，则可以得到 θ_1 的表达式：

$$\theta_1 = \arcsin\frac{v_0}{2v_{AC}} \tag{5.11}$$

此外，如图 5.6(b)所示，半径为 R_0 的构成壁面的较大圆弧的圆心 $C_{surface}$ 到液滴初始时刻的中心点 C_0 之间的垂直距离可以表示为

$$2R_0 = 2R_0\cos\theta_1 + v_0(t_1 - t_0) \tag{5.12}$$

由于 $t_0 = 0$，代入 θ_1 的值，可得 t_1 的表达式：

$$t_1 = \frac{2R_0(1 - \cos\theta_1)}{v_0} \tag{5.13}$$

当 v_{AC} 值与激波的运动速度相等，此时，对应的交角 α 和时间 t 即为临界交角 α_c 和临界时间 t_c。表 5.1 比较了不同初始碰撞速度下液滴撞击凹壁、凸壁临界参数的理论预测与数值模拟结果。其中，α_c 越大，意味着自 t_0

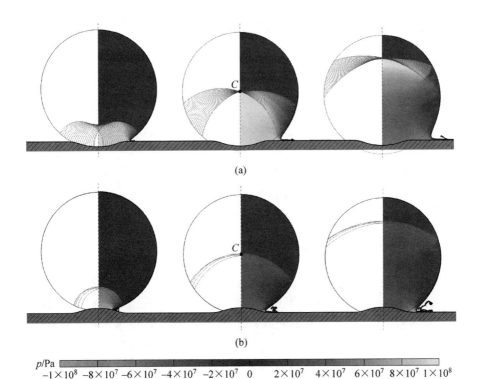

$$p/\text{Pa}$$

$-1\times10^8 \quad -8\times10^7 \quad -6\times10^7 \quad -4\times10^7 \quad -2\times10^7 \quad 0 \quad 2\times10^7 \quad 4\times10^7 \quad 6\times10^7 \quad 8\times10^7 \quad 1\times10^8$

图 5.7　液滴以初始速度 150 m/s 撞击曲壁过程中受限水锤激脱离壁面后的压力云图数值结果（右半侧）和相应的小波分析示意图（左半侧）（前附彩图）

（a）凹壁工况，对应时间序列为 0.63 μs，1.5 μs 和 2.5 μs；
（b）凸壁工况，对应时间序列为 0.64 μs，1.6 μs 和 2.6 μs

到激波与壁面脱离时刻的接触区增加越多；而 t_c 和 θ_c 越大，意味着临界时刻的接触区越大，也就表示构成受限水锤激波的压缩小波越多，水锤激波的强度越高。

表 5.1 的结果表明，初始速度越大，α_c 和 t_c 也越大，临界时刻的接触区域就越大，受限水锤激波的强度也越高。在相同的初始速度下，凹壁工况下 θ_c 和 t_c 的值均大于对应的凸壁工况的值。这不难解释，由于凹壁工况的同向曲率效应，自初始撞击时刻起，凹壁工况水锤激波的强度就远大于凸壁工况。

表 5.1　不同初始速度下液滴撞击凹壁、凸壁对应各参数的临界值

	初始速度/(m/s)	50	150	300
凹壁工况	理论 θ_c/(°)	19.6	20.7	22.0
	理论 α_c/(°)	1.7	4.6	8.0
	数值 α_c/(°)	2.0	5.0	8.0
	理论 t_c/s	1.8×10^{-8}	4.2×10^{-8}	6.4×10^{-8}
	数值 t_c/s	2.1×10^{-8}	4.5×10^{-8}	6.5×10^{-8}
凸壁工况	理论 θ_c/(°)	0.9	2.4	4.1
	理论 α_c/(°)	1.8	4.8	8.2
	数值 α_c/(°)	2.0	5.0	8.5
	理论 t_c/s	1.2×10^{-8}	3.2×10^{-8}	4.3×10^{-8}
	数值 t_c/s	1.5×10^{-8}	3.5×10^{-8}	4.5×10^{-8}

5.2.3　水锤激波的运动及其形态演化

　　一旦水锤激波的运动速度超过接触区端点的运动速度,水锤激波就会与壁面脱离,并在液滴内逐渐向远离壁面的方向(上极点)运动,在液滴内部形成受限激波。图 5.7 分别给出了两个工况下受限水锤激脱离壁面后在液滴内运动时的流场压力云图(右半侧)和产生的小波结构的示意图(左半侧)。图 5.7 表明,虽然在受限激波恰巧与固壁脱离时两种工况下的受限激波波面的形状差别较大(凹壁工况为下凹形波面,凸壁工况为上凸形波面),但随着受限激波的扩张运动,波面逐渐变得平直。

　　与液滴撞击平直壁面工况类似,受限激波在脱离壁面后,在液滴内部传播的同时与液滴界面作用,在界面处发生反射与透射,液滴侧产生一次反射稀疏波,在稀疏波汇聚区域压力下降。

　　在相同的初始撞击速度下,比较两个工况下液滴内受限激波的运动速度。结果表明,液滴撞击凸壁工况受限激波扫过整个液滴的平均波速为 1520 m/s;而对于液滴撞击凹壁的工况,受限激波扫过整个液滴的平均波速为 1610 m/s。因此,在相同的初始撞击速度下,液滴撞击凸壁工况下产生的受限水锤激波的强度比液滴撞击凹壁工况产生的受限水锤激波弱,这也与 5.2.2 节中关于临界夹角与临界时刻的分析相符。

5.3　空化及其演化规律

　　与高速液滴撞击平直壁面过程相似,受限激波与界面相互作用产生:一次反射稀疏波在液滴内部汇聚,产生局部低压。一旦局部压力达到触发空化的发生条件时,将诱发空化相变。

5.3.1　液滴内部的均质空化

图 5.8 展示了初始撞击速度为 150 m/s 的液滴撞击曲壁时在一次反射稀疏波汇聚的时刻流场数值结果,对应时间为分别为:凹壁工况,4.2 μs;凸壁工况,4.3 μs。流场数值结果通过水蒸气的体积分数等值线标识出了液滴内部的空化区。与第 3 章研究类似,采用液滴的初始下极点发射的射线分析一次反射稀疏波的汇聚行为。

图 5.8(a)对应于液滴撞击凹壁的情形,由于初始接触区即一段接触弧线,则反射稀疏波汇聚区域由弧线 FF' 约束。如图 5.8(a)所示,汇聚区域弧线 FF' 对应的角度与初始接触弧线段的圆心角一致,且汇聚弧与液滴上表面的距离为 $1/3D_0$。对于液滴撞击凸壁的情形,如图 5.8(b)所示,由于初始接触即接触点,反射稀疏波的聚焦位置为中轴线上距离液滴上表面 $1/3D_0$ 的点 F。

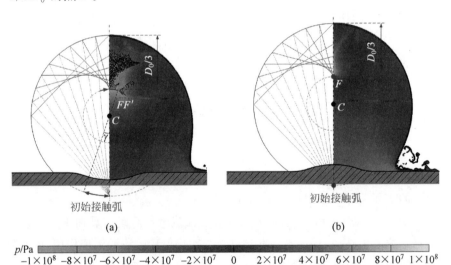

p/Pa

-1×10^8　-8×10^7　-6×10^7　-4×10^7　-2×10^7　0　2×10^7　4×10^7　6×10^7　8×10^7　1×10^8

图 5.8　初始速度为 150 m/s 的液滴撞击曲壁过程中一次反射稀疏波汇聚时刻的压力云图数值结果(右半侧)和液滴的初始下极点发射的射线分析示意图(左半侧)(前附彩图)

(a) 凹壁工况; (b) 凸壁工况

反射稀疏波的汇聚导致局部流体压力降低,一旦低于 $p_{\text{homogenous}}$,即达到均质空化条件时,会诱发均质空化相变,对应的空化区称为"均质空化区"。对于图 5.8(a)所示的初始撞击速度为 150 m/s 的液滴撞击凹壁的工况,在反射稀疏波的汇聚区域出现了大面积的均质空化区。然而,对于图 5.8(b)所示的液滴撞击凸壁的情形,由于受限激波较弱,稀疏波的汇聚效应也相对较弱,当地流体没有达到均质空化条件,没有出现空化现象。

5.3.2　壁面附近的异质空化

对于凹壁工况,一次反射稀疏波在液滴内部发生汇聚,并诱发均质空化,这些稀疏波的强度有所下降。如果这些被削弱的反射稀疏波继续朝壁面方向运动,那么直至其运动至固壁,才会发生二次反射。由于固体壁面的声阻比水的声阻大,稀疏波在壁面反射后还是稀疏波,并将其称为"壁面二次反射稀疏波"。同时,这些二次反射稀疏波与后续运动而来的一次反射稀疏波发生叠加,使当地流体压力逐步降低。一旦壁面附近的流体压力低至 $p_{\text{heteregenous}}$ 以下,即满足异质空化条件,则会诱发壁面附近的异质空化相变,出现异质空化区。

图 5.9 展示了液滴以 150 m/s 的速度撞击凹壁的工况在一次反射稀疏波聚焦之后,流场波系演化过程的数值纹影(左半侧)和压力云图的数值结果(右半侧)。对应的时间序列分别为:(a)5.6 μs,(b)7.0 μs 和(c)10.2 μs。其中,空化区由水蒸气的体积分数等值线标识。在每张云图中,左半侧为数值密度纹影结果,右半侧为压力云图的数值结果,还分别给出了各个时刻所对应的壁面下凹区域附近的局部放大图。

如图 5.9(a)所示,由于壁面二次反射稀疏波与后续运动而来的一次反射稀疏波发生叠加,再加之凹壁构型对二次反射稀疏波的汇聚作用,壁面附近流体的压力下降得非常显著,从而诱发了壁面附近流体的第一次异质空化。随后,图 5.9(b)表明这一空化区从两侧向中心被压缩直至溃灭,产生一系列的溃灭压力波。溃灭压力波叠加的压力峰值点出现在凹壁的中心点区域(下凹最低点),这也解释了图 1.24 所示的液滴高速撞击凹陷壁面时的中心损伤坑的产生原因。

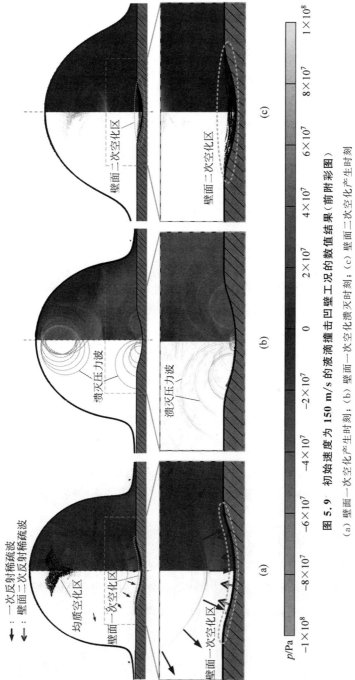

图 5.9　初始速度为 150 m/s 的液滴撞击凹壁工况的数值结果（前附彩图）

(a) 壁面一次空化产生时刻；(b) 壁面一次空化溃灭时刻；(c) 壁面二次空化产生时刻

空化溃灭(包括均质空化区的溃灭和壁面附近的异质空化区的溃灭)产生的压力波运动至液滴界面发生反射,溃灭压缩波被界面反射后的反射波为稀疏波。这些稀疏波运动至凹壁面后再次相互叠加并汇聚,使局部流体压力下降,一旦壁面附近的压力值达到异质空化条件,则再次诱发第二次壁面空化(如图 5.9(c)所示的壁面二次空化区),甚至持续出现第三次壁面空化等,这些空化区的溃灭又会产生逐渐向凹壁中心区叠加的溃灭压力波,使凹陷区中心处出现压力峰值,进一步加剧了凹陷处的损伤。

对于液滴撞击凸壁的工况,目前所考虑的三种初始速度分别为：50 m/s、150 m/s 和 300 m/s,数值模拟均没有发现壁面附近的异质空化现象。这主要是由于在凸壁情形下初始撞击产生的水锤激波强度弱,从而一次反射稀疏波强度弱;再加之凸壁结构不但不会引起二次反射稀疏波的汇聚反而会使反射波发散,这些效应均减小了液滴撞击凸壁时发生在壁面的异质空化的可能性。

图 5.10 进一步给出了高速液滴撞击凹壁和凸壁两种工况相对全面的波系演化示意图。进一步阐明了受限水锤激波的强度和流场中一系列波的不同演化现象。

对于高速液滴撞击凹壁的工况,如图 5.10(a)所示,其对应的受限水锤激波强度增加(较平面工况),使其对应的一次反射稀疏波也较强,从而使稀疏波汇聚而引起的均质空化区较大。凹壁构型还会对壁面二次反射稀疏波起到汇聚作用,增大了壁面附近发生异质空化的可能性,甚至产生多次空化的可能性。

在相同的初始速度下,对于液滴撞击凸壁的工况,如图 5.10(b)所示,观察到的受限水锤激波较弱,其对应的一次反射稀疏波及其汇聚效应也较弱,凸壁的构型对壁面二次反射稀疏波起到发散作用,减小了壁面附近发生异质空化的可能性,从而有利于减少壁面损伤。

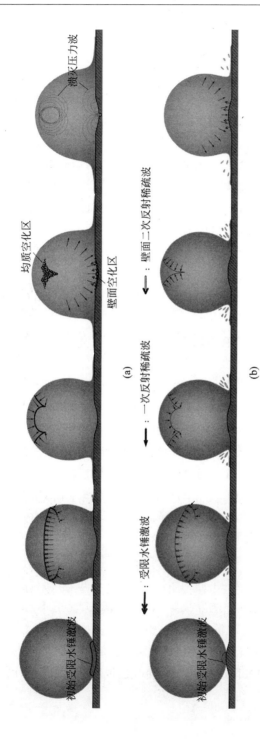

图 5.10　液滴高速撞击两种不同构型曲面的整个演化过程示意图

(a) 凹壁工况；(b) 凸壁工况

5.4　壁面受力规律

本节将对整场最大压力分布和不同初始速度下几个特征压力峰值进行比较分析,探究高速液滴撞击曲壁时壁面受力规律。

图 5.11(a)给出了初始撞击速度为 150 m/s 时的液滴撞击凹壁、凸壁过程中整场压力最大值的变化曲线。在撞击的初始时刻,由于撞击初始速度相同,水锤压力 p_h 非常接近,而随后的最大压力曲线则差别显著。对于液滴撞击凹壁的工况,由于下凹形水锤运动激波而引起压力升高。随后,出现了若干与空化泡溃灭相对应的压力峰值,包括一次反射稀疏波汇聚而出现的均质空化区的溃灭压力峰值 p_{focus},以及壁面附近的第一次、第二次和第三次异质空化区溃灭压力峰值:p_{1_surf},p_{2_surf} 和 p_{3_surf}。对于液滴撞击凸壁的工况,最大压力曲线分布在凹壁工况之下,也没有出现凹壁工况中的若干峰值压力。

图 5.11(b)给出了液滴以不同的初始速度分别撞击凹壁、凸壁时若干特征压力峰值的变化曲线。所选取的特征压力峰值包括,撞壁水锤压力 p_h、凹壁工况下均质空化溃灭压力峰值 p_{focus},以及壁面附近的第一次、第二次和第三次异质空化溃灭压力峰值:p_{1_surf},p_{2_surf} 和 p_{3_surf}。本书考虑的三种初始速度在液滴撞击凸壁时没有产生或仅产生了非常微弱的空化,因此图中没有给出其对应的空化溃灭压力峰值。例如,当初始撞壁速度为 300 m/s 时,对于凹壁工况,一次反射稀疏波运动至凹壁时对应的壁面凹陷中心点处的压力值为 −10 MPa,而当壁面附近的一次空化区完全溃灭时,壁面凹陷的中心点处的压力值则为 260 MPa;而对应的凸壁工况,即相同时刻下的凸壁凸起中心点处的压力值则分别为 75 MPa 和 40 MPa。

比较两种壁面构型下不同初始速度的 p_h 可知,壁面构型对 p_h 的影响不大,它主要由初始撞击速度决定。比较凹壁工况下不同初始速度下的 p_{1_surf} 和 p_{2_surf} 可知,其量级与 p_h 相当(为初始流场压力 p_0 的千倍量级),在某些速度时甚至高于 p_h。由此可以推断,壁面空泡溃灭产生的溃灭压力与凹壁中心的局部损伤坑有关,同时也说明凸形壁面可以有效地减少液滴撞击时的表面损伤。

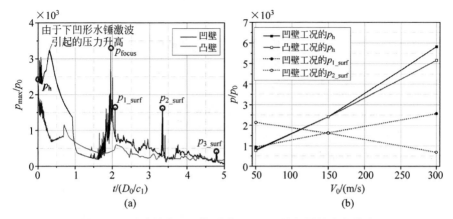

图 5.11　液滴撞击不同构型壁面工况下特征量的变化曲线

（a）初始撞击速度为 150 m/s 的液滴撞击凹壁、凸壁的过程的整场压力最大值的变化曲线；

（b）液滴以不同的初始速度撞击凹壁、凸壁时几个特征压力峰值的变化曲线

5.5　三维效应讨论

为了研究三维效应对高速液滴撞壁过程不同规律的影响，本节采用在旋转轴对称坐标系开展数值计算。设定图 5.2 所示的中心轴 z 为旋转轴，其他计算参数与二维平面情况相同。

图 5.12 和图 5.13 分别给出了初始撞击速度为 150 m/s 的三维轴对称液滴撞击凹壁和凸壁过程的数值结果，压力云图展示了液滴内部的波系演化过程。空化区由水蒸气的体积分数等值线标识。图 5.12 对应时间序列分别为：(a)0.14 μs，(b)1.7 μs，(c)3.1 μs，(d)4.1 μs，(e)4.7 μs，(f)5.2 μs，(g)7.7 μs 和(h)8.1 μs；图 5.13 对应时间序列分别为：(a)0.15 μs，(b)1.8 μs，(c)3.3 μs，(d)4.3 μs，(e)4.5 μs，(f)4.8 μs，(g)6.0 μs 和(h)8.5 μs。图 5.14 给出了初始撞击速度为 150 m/s 的三维轴对称液滴撞击凹壁、凸壁过程中整场压力最大值的变化曲线。与平面二维工况相比（图 5.11(a)），四种情况下的 p_h 值相同，因为其主要取决于初始碰撞速度。总体而言，准三维液滴的撞壁过程和平面二维工况的数值模拟结果在流动本质上存在相似性，因此这里主要分析差别之处，以揭示三维效应的影响规律。

在三维情况下，波的运动规律有所不同。参考 Lesser 的工作[86]，利用线性近似可以得到扩张型运动激波的波后的压力估算值。对于二维情况

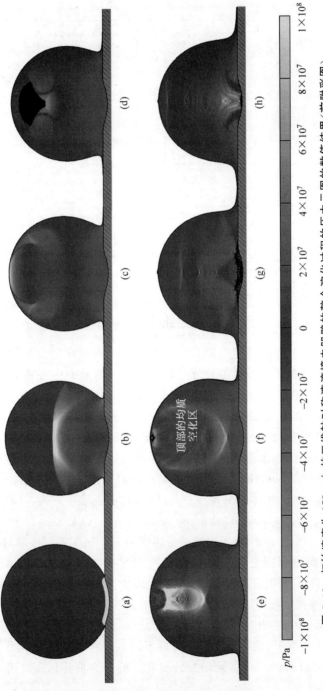

图 5.12　初始速度为 150 m/s 的三维轴对称液滴撞击凹壁的整个演化过程的压力云图的数值结果（前附彩图）

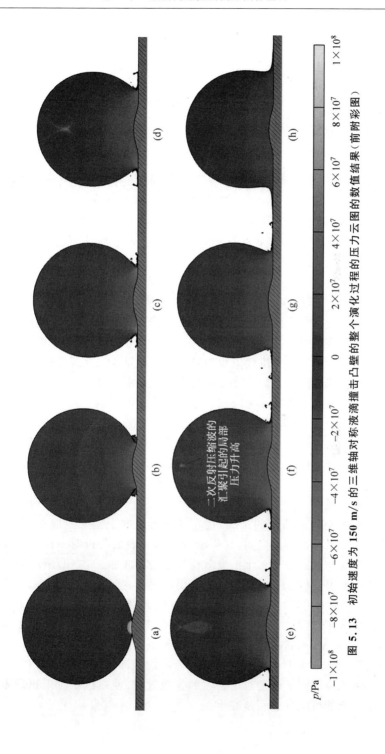

图 5.13　初始速度为 150 m/s 的三维轴对称液滴撞击凸壁的整个演化过程的压力云图的数值结果（前附彩图）

（或柱面波），运动激波后压力与激波波面曲率相关，即

$$p_{s}(t_{2}) = p_{s}(t_{1}) \cdot \sqrt{\frac{R_{s}(t_{1})}{R_{s}(t_{2})}} \tag{5.14}$$

其中，$p_{s}(t)$ 为激波后压力值，$R_{s}(t)$ 为激波在 t 时刻的波面曲率半径。而对于三维球面运动激波波后压力表达式则为

$$p_{s}^{3D}(t_{2}) = p_{s}^{3D}(t_{1}) \cdot \frac{R_{s}(t_{1})}{R_{s}(t_{2})} \tag{5.15}$$

可见，无论是二维还是三维情况，随着受限激波的扩张运动（波面曲率半径增大），激波后压力逐渐减小；三维球面波扩张过程中波后压力下降更快（图 5.12(b) 和图 5.13(b)）。

在三维工况下，除了扩张运动激波衰减加快，三维曲面还会加剧汇聚效应。例如，对于液滴撞击凹壁的工况，由图 5.14 可以看到，凹壁工况下由于下凹形水锤激波的传播汇聚而引起的压力升高高于图 5.11(a) 的二维工况情形。同时，三维效应也加剧了一次反射稀疏波的汇聚效应，这会使反射稀疏波引起的均质空化区也较二维工况大，如图 5.12(d) 所示。相应地，均质空化区溃灭后产生的溃灭波更强（图 5.12(e)），溃灭压力的峰值 p_{focus} 也更大，如图 5.14 所示。三维效应也加剧了凹壁对壁面二次反射稀疏波的汇聚效应，使壁面附近的异质空化区也相应增大（图 5.12(g)），其溃灭压力波（图 5.12(h)）和压力峰值（图 5.14）也较二维工况更强。

图 5.12(f) 中还显示了靠近上极点的一个顶部均质空化区，它是由之前的一次均质空化溃灭压力波传播至液滴上表面发生反射形成的反射稀疏波的二次汇聚所诱发，称为"二次均质空化"，它同样会发生溃灭并产生对应的压力峰值 p_{top}（图 5.14），这个空化区的产生也体现了三维曲面对波的汇聚效应的加强。

对于液滴撞击凸壁的工况，也存在三维工况下汇聚效应加剧的情形。虽然三维工况水锤激波变弱，其运动至液滴上表面附近时一次反射稀疏波也相对较弱，但是，由于三维汇聚效应的加剧，如图 5.13(d) 所示的一次反射稀疏波汇聚处（点 F）的压力极小值仍然很低，接近 -100 MPa，这个值与相同初始速度下的二维工况几乎相同。此外，图 5.13(f) 中有一个小范围的局部高压区，这是由于二次反射压缩波的汇聚而产生的，它对应的压力峰值达到了 60 MPa，这个值甚至比二维工况下的值还要高。图 5.14 整场压力最大值变化曲线中也表明了汇聚效应的加剧而产生的压力峰值。同时，由于三维效应加剧了凸壁对反射波的发散效应，使三维工况下出现壁面附近异质空化的可能性进一步减小。

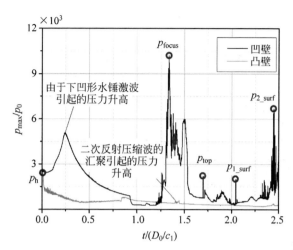

图 5.14　初始撞击速度为 150 m/s 的三维轴对称液滴撞击凹壁、凸壁的过程的整场压力最大值的变化曲线

总而言之,在高速液滴撞击曲壁过程中,三维构型会增强波的发散或汇聚效应,从而进一步增大了凹壁构型的固体表面凹陷处发生空化损伤的可能性,同时减小了凸壁构型的固体表面出现空化损伤的可能性。

5.6　本 章 结 论

本章采用可压缩多相流模型,结合均质和异质空化相变模型,考虑了高速液滴撞击不同构型壁面的过程中可能存在的液滴内部的均质空化和近壁的异质空化现象,实现了高速液滴撞击凹壁、凸壁过程的完整数值模拟。分析和比较了不同壁面构型对液滴高速撞壁过程中受限激波的动力学演化、空化现象的发生、空化区的溃灭和被撞击的曲形壁面的受力等问题的影响。

液滴高速撞击凹壁/凸壁面两种情况下均会产生受限水锤激波,但在相同初始冲击速度下,由于凹壁工况的同向曲率效应,自初始撞击时刻起,凹壁面工况对应的水锤激波的强度就远大于对应的凸壁面工况。凹壁工况下 θ_c 和 t_c 的值大于对应的凸壁面工况的值。因此,凹壁面工况下激波脱离壁面的临界时间较晚,激波脱离壁面时的强度也较高。研究还表明,增加初始撞击速度,将进一步提高受限水锤激波的强度。同时,更强的受限水锤激波也对应更强的反射稀疏波的聚焦效应,因此液滴高速撞击凹壁面时更容易观察到均质空化现象。

　　一次反射稀疏波逐渐传播至壁面,其与被壁面二次反射的反射稀疏波叠加,从而诱发近壁异质空化。计算结果表明,凹壁构型增强了反射波的汇聚,从而使凹壁工况发生近壁异质空化的可能性增大、空化程度加强;而凸壁构型则使反射波发散,从而减小了凸壁工况近壁异质空化的可能性。壁面附近的空化区的溃灭会引起曲面局部尤其是凹陷中心处出现局部极高的压力峰值。

　　在高速液滴撞击过程中,三维曲面会增强波的发散或汇聚效应。因此,与二维情况相比,在真实情况下,凹壁构型的固体表面凹陷处发生空化损伤的可能性会更大,而凸壁构型的固体表面出现空化损伤的可能性会更小。

第6章　全书总结与展望

6.1　全书总结

高速液滴撞击固体壁面问题普遍存在于工业生产和工程应用中，是一个包含了一系列非定常不同强度波系及其相互作用，以及流体相态瞬变的复杂物理过程，引起了国内外学术界和工业界的广泛关注。本书建立了欧拉－欧拉框架下的多组分可压缩多相流体模型，并耦合了流体快速相变模型，实现了高速液滴撞击固体壁面问题中多相流体动力学系统的求解与数值分析。基于此，本书先后对高速液滴和含空化泡液滴撞击水平刚性壁面问题，以及高速液滴撞击刚性曲面问题进行了数值研究，详细深入地分析了波系时空演化规律与诱发空化产生和溃灭过程的物理机制。本书的研究结果为主动可控高速液滴的工程应用提供了理论依据。

本书研究工作和主要结论如下：

（1）基于对高速液滴撞击水平壁面过程的数值研究，解析了高速撞壁液滴内部的一系列非定常波系结构（包括受限激波、多次反射波和溃灭激波等）的运动和演化过程。在液滴内产生运动的曲面激波时被弯曲的液滴表面反射，反射稀疏波汇聚在距离液滴上极点三分之一初始直径的位置。当水滴速度足够高（本书中大于或等于 110 m/s）时，稀疏波的汇聚使局部流体状态达到触发均质空化的热力学条件，液滴内发生相变空化。空化核心的位置与初始速度无关，但随着撞击速度的增加，空化核心区增大；相比水滴，低沸点的 C_4F_{10} 液滴更容易产生大范围空化，甚至产生多个空化区。

（2）通过对含空气泡和蒸气泡两种空心液滴的撞壁过程进行数值模拟，探明了两种不同空泡的溃灭机制。空气泡溃灭过程为运动激波与空气泡相互作用后产生不同类型射流，在各种射流的作用下气泡被压缩、排挤，最终被分割为一系列小空气泡；蒸气泡溃灭过程为运动激波作用过程触发了蒸气泡的持续坍缩冷凝，蒸气泡界面发生持续碰撞，直至蒸气泡完全湮灭。液滴中蒸气泡溃灭过程产生的溃灭波强度、最大压力值、壁面受力均大于空气泡的情形；增加初始速度、在一定范围内增大初始空泡体积比和减小初始时刻空泡与壁面的距离，均会提高空泡溃灭的剧烈程度。

（3）本书还对高速液滴撞击凹壁/凸壁面问题进行了研究，进一步揭示了液滴高速撞击不同构型曲壁过程的演化特性，以及液滴内部的均质空化和近壁异质空化现象。在相同初始速度条件下，液滴冲击凹壁面时激波脱离壁面的临界时间较晚、强度较高；更强的受限水锤激波也会使反射稀疏波的聚焦效应加剧，更容易观察到均质空化现象。凹壁面对反射波的汇聚效应加剧了近壁异质空化，这解释了液滴高速冲击过程中凹壁中心局部损伤坑产生的原因。凸壁面使反射波发散，从而减小了近壁异质空化的程度，能够避免高速撞壁过程中由近壁异质空化溃灭而造成的损伤。

本书的主要创新点包括：

（1）发展了包含均质与异质空化模型并适用于求解高速可压缩两相界面流动问题的高精度并行计算平台，实现了高速液滴撞击壁面问题的数值模拟。

（2）给出了高速撞壁过程中液滴内部的复杂波系演化过程及激波脱离临界参数，揭示了液滴内部空化初生与溃灭的物理机制，通过理论解析给出了空化核心的初生位置。

（3）通过研究不同条件（空化泡初始大小、位置、物性、壁面几何特性等）下的液滴撞壁过程，揭示了液滴中空化泡的溃灭机制，获得了高速撞击壁面条件下液滴的动力学演化规律。

6.2　研 究 展 望

本书基于数值模拟方法对高速液滴撞击固体壁面过程中的物理现象和机理进行了探索，但由于时间和研究条件的限制，所做的工作还不够完善，仍然有许多问题值得深入地研究。

（1）液滴高速撞击不同构型曲面壁的波系演化规律仍然需要深入研究和系统总结，应给出该过程中液滴内部波系演化和壁面受力时空分布的数学模型，为液滴高速撞壁过程的控制及其工程应用提供理论依据和指导。

（2）不同材质的液滴、裹挟不同物质的液滴，以及不同形状的液滴与壁面的作用问题在生物工程、航空航天和喷涂等领域都有着广泛的应用前景。研究不同类型液滴的高速撞壁过程具有重要的工程意义，高速液滴撞击固体壁面过程的主动控制机制尚待研究。

参 考 文 献

[1] ILIEVA G I. Erosion failure mechanisms in turbine stage with twisted rotor blade [J]. Engineering Failure Analysis, 2016, 70: 90-104.

[2] WANG W Z, XUAN F Z, ZHU K L, et al. Failure analysis of the final stage blade in steam turbine[J]. Engineering Failure Analysis, 2007, 14(4): 632-641.

[3] MARTÍNEZ F R, VELÁZQUEZ M T, SILVA F S, et al. Theoretical and numerical analysis of the mechanical erosion in steam turbine blades. Part I [J]. Energy and Power Engineering, 2011, 3(3): 227.

[4] MARTÍNEZ F R, VELÁZQUEZ M T, FRANCIS J A, et al. Theoretical and numerical analysis of the mechanical erosion in steam turbine blades. Part II [J]. Energy and Power Engineering, 2011, 3(3): 238.

[5] SPEIDEL M O, ATRENS A. Corrosion in power generating equipment[R]. Swiss Federal Institute of Technology Zürich, Zürich, 1984.

[6] AZEVEDO C R F, SINÁTORA A. Erosion-fatigue of steam turbine blades[J]. Engineering Failure Analysis, 2009, 16(7): 2290-2303.

[7] LI R, PELLEGRINI M, NINOKATA H, et al. A numerical study on turbulence attenuation model for liquid droplet impingement erosion[J]. Annals of Nuclear Energy, 2011, 38(6): 1279-1287.

[8] VISWANATHAN R. Damage mechanisms and life assessment of high temperature components[M]. Materials Park: ASM International, 1989.

[9] ANSARI A R. Blade erosion problem in steam turbine[J]. Journal of Institution of Engineers(India)-Mechanical Engineering, 1986, 67: 1-3.

[10] LEE M K, KIM W W, RHEE C K, et al. Liquid impact erosion mechanism and theoretical impact stress analysis in TiN-coated steam turbine blade materials[J]. Metallurgical and Materials Transactions A, 1999, 30(4): 961-968.

[11] LI N, ZHOU Q, CHEN X, et al. Liquid drop impact on solid surface with application to water drop erosion on turbine blades, Part I: Nonlinear wave model and solution of one-dimensional impact[J]. International Journal of Mechanical Sciences, 2008, 50(10-11): 1526-1542.

[12] AHMAD M. Experimental assessment of droplet impact erosion of low-pressure steam turbine blades[M]. Aachen: Shaker Verlag, 2009.

[13] ZHOU Q, LI N, CHEN X, et al. Analysis of water drop erosion on turbine blades

based on a nonlinear liquid-solid impact model[J]. International Journal of Impact Engineering,2009,36(9): 1156-1171.

[14] LI R,MORI M,NINOKATA H. A calculation methodology proposed for liquid droplet impingement erosion[J]. Nuclear Engineering and Design,2012,242: 157-163.

[15] WHITE L C. Modern power station practice[J]. British Electricity International, 1992: 1-659.

[16] XIONG J,KOSHIZUKA S,SAKAI M,et al. Investigation on droplet impingement erosion during steam generator tube failure accident[J]. Nuclear Engineering and Design,2012,249: 132-139.

[17] XIONG J,KOSHIZUKA S,SAKAIM. Investigation of droplet impingement onto wet walls based on simulation using particle method[J]. Journal of Nuclear Science and Technology,2011,48(1): 145-153.

[18] SANADA T,WATANABE M,SHIROTA M,et al. Impact of high-speed steam-droplet spray on solid surface[J]. Fluid Dynamics Research,2008,40(7-8): 627.

[19] HASHISH M. Theoretical and experimental investigation of continuous jet penetration of solids[J]. Journal of Engineering for Industry, 1978, 100 (1): 88-94.

[20] KOBAYASHI R,ARAI T,YAMADA H. Structure of a high-speed water jet and the damage process of metals in jet cutting technology[J]. JSME International Journal. Se. 2,Fluids Engineering,Heat Transfer,Power,Combustion,Thermophysical Properties,1988,31(1): 53-57.

[21] KAYE P L,PICKLES C S J,FIELD J E,et al. Investigation of erosion processes as cleaning mechanisms in the removal of thin deposited soils[J]. Wear,1995, 186: 413-420.

[22] WU S S,KIM T J. An application study of plain waterjet process for coating removal[C]//Proceedings of 8th American Waterjet Conference. [S. l. : s. n.], 1995: 26-29.

[23] CONN A F. Water Jet Cleaning for in-Factory Applications[M]//Jet Cutting Technology. Dordrecht: Springer,1992: 443-450.

[24] LOUIS H,SCHIKORR W. Fundamental aspects in cleaning with high-speed waterjets[C]//Proceedings of the 6th International Symposium on Jet Cutting Technology. [S. l. : s. n.],1982: 217-228.

[25] GUHA A,BARRON R M,BALACHANDAR R. An experimental and numerical study of water jet cleaning process [J]. Journal of Materials Processing Technology,2011,211(4): 610-618.

[26] KOUTSKÝ J. High velocity oxy-fuel spraying [J]. Journal of Materials Processing Technology,2004,157: 557-560.

[27] PAWLOWSKI L. The science and engineering of thermal spray coatings[M]. New York: John Wiley & Sons,2008.

[28] FUKAI J,SHIIBA Y,YAMAMOTO T,et al. Wetting effects on the spreading of a liquid droplet colliding with a flat surface: Experiment and modeling[J]. Physics of Fluids,1995,7(2): 236-247.

[29] DERBY B. Inkjet printing of functional and structural materials: Fluid property requirements,feature stability, and resolution[J]. Annual Review of Materials Research,2010,40: 395-414.

[30] RUKOSUYEV M V,BARANNYK O,OSHKAI P,et al. Design and application of nanoparticle coating system with decoupled spray generation and deposition control[J]. Journal of Coatings Technology and Research,2016,13(5): 769-779.

[31] ZHOU Z F,CHEN B,WANG R,et al. Comparative investigation on the spray characteristics and heat transfer dynamics of pulsed spray cooling with volatile cryogens[J]. Experimental Thermal and Fluid Science,2017,82: 189-197.

[32] ZHANG D,PAPADIKIS K,GU S. Investigations on the droplet impact onto a spherical surface with a high density ratio multi-relaxation time lattice-Boltzmann model[J]. Communications in Computational Physics,2014,16(4): 892-912.

[33] AZIZ S D,CHANDRA S. Impact,recoil and splashing of molten metal droplets [J]. International Journal of Heat and Mass Transfer,2000,43(16): 2841-2857.

[34] DE GANS B J,DUINEVELD P C,SCHUBERT U S. Inkjet printing of polymers: State of the art and future developments[J]. Advanced Materials,2004,16(3): 203-213.

[35] HELLER M J. DNA microarray technology: Devices,systems,and applications [J]. Annual Review of Biomedical Engineering,2002,4(1): 129-153.

[36] LIU Y,ANDREW M,LI J,et al. Symmetry breaking in drop bouncing on curved surfaces[J]. Nature Communications,2015,6(1): 1-8.

[37] SHEN M,LI B Q,BAI Y. Numerical investigation of solidification microstructure formation in sequential YSZ droplet impact under supersonic plasma spraying[J]. International Journal of Heat and Mass Transfer,2020,157: 119844.

[38] KRIPFGANS O D, FOWLKES J B, MILLER D L, et al. Acoustic droplet vaporization for therapeutic and diagnostic applications [J]. Ultrasound in Medicine & Biology,2000,26(7): 1177-1189.

[39] GULYAEV I P, SOLONENKO O P, GULYAEV P Y, et al. Hydrodynamic features of the impact of a hollow spherical drop on a flat surface[J]. Technical Physics Letters,2009,35(10): 885-888.

[40] 郑志伟,李大树,仇性启,等. 中空液滴碰撞水平壁面数值分析[J]. 物理学报, 2017,66(1): 235-244.

[41] SHEERAN P S,LUOIS S,DAYTON P A,et al. Formulation and acoustic studies

of a new phase-shift agent for diagnostic and therapeutic ultrasound [J]. Langmuir,2011,27(17): 10412-10420.

[42] STEWART M P,LANGER R,JENSEN K F. Intracellular delivery by membrane disruption: Mechanisms, strategies, and concepts[J]. Chemical Reviews, 2018, 118(16): 7409-7531.

[43] MOUNTFORD P A, THOMAS A N, BORDEN M A. Thermal activation of superheated lipid-coated perfluorocarbon drops[J]. Langmuir, 2015, 31 (16): 4627-4634.

[44] SHEERAN P S, LUOIS S H, MULLIN L B, et al. Design of ultrasonically-activatable nanoparticles using low boiling point perfluorocarbons[J]. Biomaterials, 2012,33(11): 3262-3269.

[45] REZNIK N, WILLIAMS R, BURNS P N. Investigation of vaporized submicron perfluorocarbon droplets as an ultrasound contrast agent [J]. Ultrasound in Medicine & Biology,2011,37(8): 1271-1279.

[46] SCHAD K C, HYNYNEN K. In vitro characterization of perfluorocarbon droplets for focused ultrasound therapy [J]. Physics in Medicine & Biology, 2010, 55(17): 4933.

[47] WORTHINGTON A M. XXVIII. On the forms assumed by drops of liquids falling vertically on a horizontal plate[J]. Proceedings of the Royal Society of London, 1877,25(171-178): 261-272.

[48] WORTHINGTON A M. The splash of a drop [M]. Cowan: Society for Promoting Christian Knowledge,1895.

[49] JOSSERAND C,THORODDSEN S T. Drop impact on a solid surface[J]. Annual Review of Fluid Mechanics,2016,48: 365-391.

[50] THORODDSEN S T, ETOH T G, TAKEHARA K. High-speed imaging of drops and bubbles[J]. Annual Review of Fluid Mechanics,2008,40: 257-285.

[51] 张榛,虞育松,侯凌云,等. 喷雾液滴与涂层壁面作用的机理性试验及其影响研究[J]. 推进技术,2019,40: 1-8.

[52] 李长宁,夏振炎,李建军,等. 液滴撞击有机玻璃固壁的实验和数值研究[J]. 工程塑料应用,2014,42(3): 39-43.

[53] 李大树,仇性启,于磊,等. 柴油液滴冲击液膜润湿壁面实验和数值模拟[J]. 农业机械学报,2014,45(12).

[54] RANGE K, FEUILLEBOIS F. Influence of surface roughness on liquid drop impact[J]. Journal of Colloid and Interface Science,1998,203(1): 16-30.

[55] LATKA A,STRANDBURG-PESHKIN A,DRISCOLL M M,et al. Creation of prompt and thin-sheet splashing by varying surface roughness or increasing air pressure[J]. Physical Review Letters,2012,109(5): 054501.

[56] XU L, BARCOS L, NAGEL S R. Splashing of liquids: Interplay of surface

roughness with surrounding gas[J]. Physical Review E,2007,76(6): 066311.

[57] SNOEIJER J H, ANDREOTTI B. Moving contact lines: Scales, regimes, and dynamical transitions[J]. Annual Review of Fluid Mechanics,2013,45: 269-292.

[58] JOHNSON R E,DETTRE R H. Wetting of low-energy surfaces[M]. New York: Marcel Dekker,Inc. ,1993.

[59] YOUNG T. An essay on the cohesion of fluids[J]. Philosophical Transactions of the Royal Society of London,1805 (95): 65-87.

[60] BRACKE M,DE VOEGHT F,JOOS P. The kinetics of wetting: The dynamic contact angle[J]. Trends in Colloid and Interface Science Ⅲ,1989: 142-149.

[61] RIOBOO R,MARENGO M,TROPEA C. Time evolution of liquid drop impact onto solid,dry surfaces[J]. Experiments in Fluids,2002,33(1): 112-124.

[62] RIOBOO R,TROPEA C,MARENGO M. Outcomes from a drop impact on solid surfaces[J]. Atomization and Sprays,2001,11(2).

[63] STOW C D, HADFIELD M G. An experimental investigation of fluid flow resulting from the impact of a water drop with an unyielding dry surface[J]. Proceedings of the Royal Society of London. A. Mathematical and Physical Sciences,1981,373(1755): 419-441.

[64] SCHIAFFINO S,SONIN A A. Molten droplet deposition and solidification at low Weber numbers[J]. Physics of Fluids,1997,9(11): 3172-3187.

[65] MUNDO C H R, SOMMERFELD M, TROPEA C. Droplet-wall collisions: Experimental studies of the deformation and breakup process[J]. International Journal of Multiphase Flow,1995,21(2): 151-173.

[66] STOW C D, HADFIELD M G. An experimental investigation of fluid flow resulting from the impact of a water drop with an unyielding dry surface[J]. Proceedings of the Royal Society of London. A. Mathematical and Physical Sciences,1981,373(1755): 419-441.

[67] COSSALI G E,COGHE A,MARENGO M. The impact of a single drop on a wetted solid surface[J]. Experiments in Fluids,1997,22(6): 463-472.

[68] YARIN A L. Drop impact dynamics: Splashing, spreading, receding, bouncing [J]. Annual Review of Fluid Mechanics,2006,38: 159-192.

[69] BENNETT T, POULIKAKOS D. Splat-quench solidification: Estimating the maximum spreading of a droplet impacting a solid surface [J]. Journal of Materials Science,1993,28(4): 963-970.

[70] 刘冬薇,宁智,吕明,等. 液滴撞击超疏水壁面反弹及破碎行为研究[J]. 计算力学学报,2016,33(1): 106-112.

[71] ŠIKALO Š,WILHELM H D,ROISMAN I V,et al. Dynamic contact angle of spreading droplets: Experiments and simulations[J]. Physics of Fluids, 2005, 17(6): 062103.

[72] GUPTA A,KUMAR R. Droplet impingement and breakup on a dry surface[J]. Computers & Fluids,2010,39(9): 1696-1703.

[73] TANNER L H. The spreading of silicone oil drops on horizontal surfaces[J]. Journal of Physics D: Applied Physics,1979,12(9): 1473.

[74] KISTLER S F. Hydrodynamics of wetting[J]. Wettability,1993,6: 311-430.

[75] AHMAD M,CASEY M,SÜRKEN N. Experimental assessment of droplet impact erosion resistance of steam turbine blade materials[J]. Wear,2009,267(9-10): 1605-1618.

[76] ENGEL O G. Mechanism of rain erosion. Part 2. A critical review of erosion by water drop impact[J]. National Bureau of Standards Gaithersburg MD,1953.

[77] ENGEL O G. Mechanism of high-speed-waterdrop erosion of [J]. Journal of Research of the National Bureau of Standards,1955: 51-59.

[78] ENGEL O G. Waterdrop collisions with solid surfaces[J]. Journal of Research of the National Bureau of Standards,1955,54(5): 281-298.

[79] ADLER W F. Rain impact retrospective and vision for the future[J]. Wear,1999, 233: 25-38.

[80] ZHAO J,CHEN K,LIU R,et al. Modeling study of liquid impingement erosion of NiAl alloy[J]. Wear,2014,311(1-2): 65-70.

[81] ENGEL O G. Pits in metals caused by collision with liquid drops and rigid steel spheres[J]. Journal of Research of the National Bureau of Standards. Section A, Physics and chemistry,1960,64(1): 61.

[82] HEYMANN F J. High-speed impact between a liquid drop and a solid surface [J]. Journal of Applied Physics,1969,40(13): 5113-5122.

[83] COOK S S. Erosion by water-hammer[J]. Proceedings of the Royal Society of London. Series A,Containing Papers of a Mathematical and Physical Character, 1928,119(783): 481-488.

[84] ENGEL O G. Damage produced by high-speed liquid-drop impacts[J]. Journal of Applied Physics,1973,44(2): 692-704.

[85] BOWDEN F P,FIELD J E. The brittle fracture of solids by liquid impact,by solid impact,and by shock[J]. Proceedings of the Royal Society of London. Series A. Mathematical and Physical Sciences,1964,282(1390): 331-352.

[86] LESSER M B. Analytic solution of liquid-drop impact problems[J]. Proceedings of the Royal Society of London. A. Mathematical and Physical Sciences,1981,377 (1770): 289-308.

[87] LESSER M B,FIELD J E. The impact of compressible liquids[J]. Annual Review of Fluid Mechanics,1983,15(1): 97-122.

[88] FIELD J E,LESSER M B,DEAR J P. Studies of two-dimensional liquid-wedge impact and their relevance to liquid-drop impact problems[J]. Proceedings of the

Royal Society of London. A. Mathematical and Physical Sciences, 1985, 401 (1821): 225-249.

[89] DEAR J P, FIELD J E. High-speed photography of surface geometry effects in liquid/solid impact[J]. Journal of Applied Physics,1988,63(4): 1015-1021.

[90] FIELD J E,DEAR J P,OGREN J E. The effects of target compliance on liquid drop impact[J]. Journal of Applied Physics,1989,65(2): 533-540.

[91] HALLER K K,VENTIKOS Y,POULIKAKOS D,et al. Computational study of high-speed liquid droplet impact[J]. Journal of Applied Physics, 2002,92(5): 2821-2828.

[92] HALLER K K,POULIKAKOS D,VENTIKOS Y,et al. Shock wave formation in droplet impact on a rigid surface: Lateral liquid motion and multiple wave structure in the contact line region[J]. Journal of Fluid Mechanics,2003,490: 1.

[93] HALLER K K,VENTIKOS Y,POULIKAKOS D. Wave structure in the contact line region during high speed droplet impact on a surface: Solution of the Riemann problem for the stiffened gas equation of state[J]. Journal of Applied Physics,2003,93(5): 3090-3097.

[94] HALLER K K. High-velocity impact of a liquid droplet on a rigid surface: The Effect of Liquid Compressibility [D]. Zurich: Swiss Federal Institute of Technology Zurich,2002.

[95] HAWKER N,VENTIKOS Y. Shock/Gas bubble interactions in infinite and finite volumes of liquid[C]//2nd Micro and Nano Flows Conference London: Brunel University London,2009.

[96] XIONG J,KOSHIZUKA S,SAKAI M. Numerical analysis of droplet impingement using the moving particle semi-implicit method[J]. Journal of Nuclear Science and Technology,2010,47(3): 314-321.

[97] ZHOU Q,LI N,CHEN X,et al. Water drop erosion on turbine blades: Numerical framework and applications[J]. Materials Transactions,2008,49(7): 1606-1615.

[98] SANADA T,ANDO K,COLONIUS T. A computational study of high-speed droplet impact[J]. Fluid Dynamics & Material Processing,2011,7(4): 329-340.

[99] SASAKI H,OCHIAI N,IGA Y. Numerical analysis of damping effect of liquid film on material in high speed liquid droplet impingement[J]. International Journal of Fluid Machinery and Systems,2016,9(1): 57-65.

[100] KONDO T,ANDO K. One-way-coupling simulation of cavitation accompanied by high-speed droplet impact[J]. Physics of Fluids,2016,28(3): 033303.

[101] NIU Y Y,WANG H W. Simulations of the shock waves and cavitation bubbles during a three-dimensional high-speed droplet impingement based on a two-fluid model[J]. Computers & Fluids,2016,134: 196-214.

[102] VENTIKOS Y, HAWKER N. High velocity droplet impacts: U. S. Patent

9704603[P]. 2017-7-11.

[103] HELLER M J. DNA microarray technology: Devices, systems, and applications [J]. Annual Review of Biomedical Engineering, 2002, 4(1): 129-153.

[104] LIU Y, ANDREW M, LI J, et al. Symmetry breaking in drop bouncing on curved surfaces[J]. Nature Communications, 2015, 6(1): 1-8.

[105] REIN M. Phenomena of liquid drop impact on solid and liquid surfaces[J]. Fluid Dynamics Research, 1993, 12(2): 61-93.

[106] SEMBIAN S, LIVERTS M, TILLMARK N, et al. Plane shock wave interaction with a cylindrical water column[J]. Physics of Fluids, 2016, 28(5): 056102.

[107] KOBEL P, OBRESCHKOW D, DE BOSSET A, et al. Techniques for generating centimetric drops in microgravity and application to cavitation studies [J]. Experiments in Fluids, 2009, 47(1): 39-48.

[108] FIELD J E, CAMUS J J, TINGUELY M, et al. Cavitation in impacted drops and jets and the effect on erosion damage thresholds[J]. Wear, 2012, 290: 154-160.

[109] OBRESCHKOW D, DORSAZ N, KOBEL P, et al. Confined shocks inside isolated liquid volumes: A new path of erosion? [J]. Physics of Fluids, 2011, 23(10): 67-97.

[110] OBRESCHKOW D, KOBEL P, DORSAZ N, et al. Cavitation bubble dynamics inside liquid drops in microgravity [J]. Physical Review Letters, 2006, 97 (9): 094502.

[111] WANG C H, KANG S T, LEE Y H, et al. Aptamer-conjugated and drug-loaded acoustic droplets for ultrasound theranosis [J]. Biomaterials, 2012, 33 (6): 1939-1947.

[112] SOLONENKO O P, GULYAEV I P, SMIRNOV A V. Plasma processing and deposition of powdered metal oxides consisting of hollow spherical particles[J]. Technical Physics Letters, 2008, 34(12): 1050-1052.

[113] GULYAEV I. Experience in plasma production of hollow ceramic microspheres with required wall thickness[J]. Ceramics International, 2015, 41(1): 101-107.

[114] GULYAEV I P, SOLONENKO O P. Hollow droplets impacting onto a solid surface[J]. Experiments in Fluids, 2013, 54(1): 1-12.

[115] CHAHINE G L, FREDERICK G S, LAMBRECHT C J, et al. Spark-generated bubbles as laboratory-scale models of underwater explosions and their use for validation of simulation tools[C]//SAVIAC Proceedings of the 66th Shock and Vibrations Symposium. [S. l. : s. n.], 1995, 1.

[116] ROUSSEAU F, FOURMOND C, PRIMA F, et al. Deposition of thick and 50% porous YpSZ layer by spraying nitrate solution in a low pressure plasma reactor [J]. Surface and Coatings Technology, 2011, 206(7): 1621-1627.

[117] SOLONENKO O P, NISHIYAMA H, SMIRNOV A V, et al. Visualization of

arc and plasma flow patterns for advanced material processing[J]. Journal of Visualization,2015,18(1): 1-15.

[118] REMPEL L. Rotor blade leading edge erosion-real life experiences[J]. Wind Systems Magazine,2012,11: 22-24.

[119] SIDDONS C, MACLEOD C, YANG L, et al. An experimental approach to analysing rain droplet impingement on wind turbine blade materials[J]. EWEA 2015 Annual Event,2015.

[120] OKADA H,UCHIDA S,NAITOH M,et al. Evaluation methods for corrosion damage of components in cooling systems of nuclear power plants by coupling analysis of corrosion and flow dynamics (v) flow-accelerated corrosion under single-and two-phase flow conditions [J]. Journal of Nuclear Science and Technology,2011,48(1): 65-75.

[121] MOORE M J,LANGFORD R W,TIPPING J C. Paper 5: Research at cerl on turbine blade erosion [C]//Proceedings of the Institution of Mechanical Engineers,Conference Proceedings. London: SAGE Publications,1967,182(8): 61-68.

[122] FIELD J E. The physics of liquid impact,shock wave interactions with cavities, and the implications to shock wave lithotripsy[J]. Physics in Medicine & Biology,1991,36(11): 1475.

[123] HANCOX N L,BRUNTON J H. A discussion on deformation of solids by the impact of liquids,and its relation to rain damage in aircraft and missiles,to blade erosion in steam turbines,and to cavitation erosion-The erosion of solids by the repeated impact of liquid drops[J]. Philosophical Transactions of the Royal Society of London. Series A, Mathematical and Physical Sciences, 1966, 260 (1110): 121-139.

[124] BOWDEN F P,BRUNTON J H. The deformation of solids by liquid impact at supersonic speeds[J]. Proceedings of the Royal Society of London. Series A. Mathematical and Physical Sciences,1961,263(1315): 433-450.

[125] HUANG Y C,HAMMITT F G,MITCHELL T M. Note on shock-wave velocity in high-speed liquid-solid impact[J]. Journal of Applied Physics,1973,44(4): 1868-1869.

[126] FIELD J E. ELSI conference-invited lecture: Liquid impact: Theory, experiment, applications[J]. Wear,1999,233: 1-12.

[127] CHEN S,BERTOLA V. Drop impact on spherical soft surfaces[J]. Physics of Fluids,2017,29(8): 082106.

[128] CHANDRA S, AVEDISIAN C T. On the collision of a droplet with a solid surface[J]. Proceedings of the Royal Society of London. Series A: Mathematical and Physical Sciences,1991,432(1884): 13-41.

[129] OHL C D, ARORA M, DIJKINK R, et al. Surface cleaning from laser-induced cavitation bubbles[J]. Applied Physics Letters, 2006, 89(7): 074102.

[130] OKADA T, IWAI Y, HATTORI S, et al. Relation between impact load and the damage produced by cavitation bubble collapse [J]. Wear, 1995, 184 (2): 231-239.

[131] TOMITA Y, ROBINSON P B, TONG R P, et al. Growth and collapse of cavitation bubbles near a curved rigid boundary[J]. Journal of Fluid Mechanics, 2002, 466: 259.

[132] OKA Y I, MIYATA H. Erosion behaviour of ceramic bulk and coating materials caused by water droplet impingement[J]. Wear, 2009, 267(11): 1804-1810.

[133] ZHOU Q, LI N, CHEN X, et al. Liquid drop impact on solid surface with application to water drop erosion on turbine blades, Part II: Axisymmetric solution and erosion analysis[J]. International Journal of Mechanical Sciences, 2008, 50(10-11): 1543-1558.

[134] ILIEVA G I. Erosion failure mechanisms in turbine stage with twisted rotor blade[J]. Engineering Failure Analysis, 2016, 70: 90-104.

[135] FUJISAWA N, TAKANO S, FUJISAWA K, et al. Experiments on liquid droplet impingement erosion on a rough surface[J]. Wear, 2018, 398: 158-164.

[136] MOMBER A W. The response of geo-materials to high-speed liquid drop impact [J]. International Journal of Impact Engineering, 2016, 89: 83-101.

[137] CHO J R. Simulation of the repeated waterdrop impact onto the AL6061-T6[J]. Journal of Mechanical Science and Technology, 2015, 29(9): 3679-3683.

[138] ZHAO J, CHEN K, LIU R, et al. Modeling study of liquid impingement erosion of NiAl alloy[J]. Wear, 2014, 311(1-2): 65-70.

[139] MA J, ZHANG X Y, WANG D P, et al. Superhydrophobic metallic glass surface with superior mechanical stability and corrosion resistance[J]. Applied Physics Letters, 2014, 104(17): 173701.

[140] JELIA P R, AGRAWAL A, SINGH R K, et al. Design of textured surfaces for super-hydrophobicity[J]. Sādhanā, 2017, 42(11): 1915-1927.

[141] SONG M, LIU Z, MA Y, et al. Reducing the contact time using macro anisotropic superhydrophobic surfaces—Effect of parallel wire spacing on the drop impact[J]. NPG Asia Materials, 2017, 9(8): e415.

[142] KOCH K, GRICHNIK R. Influence of surface structure and chemistry on water droplet splashing [J]. Philosophical Transactions of the Royal Society A: Mathematical, Physical and Engineering Sciences, 2016, 374(2073): 20160183.

[143] ZHANG L, KU T, CHENG X, et al. Inkjet droplet deposition dynamics into square microcavities for OLEDs manufacturing[J]. Microfluidics and Nanofluidics, 2018, 22(4): 1-15.

[144] 施其明,贾志海,林琪焱.液滴撞击微结构疏水表面的动态特性[J].化工进展,2016,35(12):3818-3824.

[145] ZHU Y,LIU H R,MU K,et al. Dynamics of drop impact onto a solid sphere: Spreading and retraction[J]. Journal of Fluid Mechanics,2017,824.

[146] CHARALAMPOUS G,HARDALUPAS Y. Collisions of droplets on spherical particles[J]. Physics of Fluids,2017,29(10):103305.

[147] JADIDBONAB H,MITROGLOU N,KARATHANASSIS I,et al. Experimental study of diesel-fuel droplet impact on a similarly sized polished spherical heated solid particle[J]. Langmuir,2018,34(1):36-49.

[148] KHOJASTEH D,BORDBAR A,KAMALI R,et al. Curvature effect on droplet impacting onto hydrophobic and superhydrophobic spheres [J]. International Journal of Computational Fluid Dynamics,2017,31(6-8):310-323.

[149] GUMULYA M,UTIKAR R P,PAREEK V,et al. Evaporation of a droplet on a heated spherical particle[J]. Chemical Engineering Journal,2015,278:309-319.

[150] LIU H R,DING H. A diffuse-interface immersed-boundary method for two-dimensional simulation of flows with moving contact lines on curved substrates [J]. Journal of Computational Physics,2015,294:484-502.

[151] ZHANG D,PAPADIKIS K,GU S. Application of a high density ratio lattice-Boltzmann model for the droplet impingement on flat and spherical surfaces[J]. International Journal of Thermal Sciences,2014,84:75-85.

[152] THORODDSEN S T,ETOH T G,TAKEHARA K,et al. Impact jetting by a solid sphere[J]. Journal of Fluid Mechanics,2004,499:139.

[153] LI T,ZHANG L,ZHANG X,et al. Effect of curved surfaces on the impacting nano-droplets and their shape control: A molecular dynamics simulation study [J]. Applied Surface Science,2018,454:192-200.

[154] MITRA S,SATHE M J,DOROODCHI E,et al. Droplet impact dynamics on a spherical particle[J]. Chemical Engineering Science,2013,100:105-119.

[155] LIU X,ZHAO Y,CHEN S,et al. Numerical research on the dynamic characteristics of a droplet impacting a hydrophobic tube[J]. Physics of Fluids,2017,29(6):062105.

[156] 徐庆,李占勇,王瑞芳,等.单液滴撞击球形表面的涂覆效果[J].天津科技大学学报,2013,28(1):50-54.

[157] 郑志伟,李大树,仇性启,等.液滴碰撞球形凹曲面复合 level set-VOF 法的数值分析[J].化工学报,2015,66(5):1667-1675.

[158] KHARANGATE C R,MUDAWAR I. Review of computational studies on boiling and condensation[J]. International Journal of Heat and Mass Transfer,2017,108:1164-1196.

[159] GIBOU F,CHEN L,NGUYEN D,et al. A level set based sharp interface

method for the multiphase incompressible Navier-Stokes equations with phase change[J]. Journal of Computational Physics,2007,222(2): 536-555.

[160] SCHRAGE R W. A theoretical study of interphase mass transfer[M]. New York: Columbia University Press,1953.

[161] KNUDSEN M,PARTINGTON J R. The kinetic,theoryof gases,some modern aspects[J]. The Journal of Physical Chemistry,2002,39(2): 307-307.

[162] MAREK R, STRAUB J. Analysis of the evaporation coefficient and the condensation coefficient of water[J]. International Journal of Heat and Mass Transfer,2001,44(1): 39-53.

[163] PAUL B. Compilation of evaporation coefficients[J]. Advances in Radio Science, 1962,32(9): 1321-1328.

[164] ROSE J W. On interphase matter transfer, the condensation coefficient and dropwise condensation[J]. Proceedings of the Royal Society of London. A. Mathematical and Physical Sciences,1987,411(1841): 305-311.

[165] WANG H,GARIMELLA S V,MURTHY J Y. Characteristics of an evaporating thin film in a microchannel [J]. International Journal of Heat and Mass Transfer,2007,50(19-20): 3933-3942.

[166] HARDT S, WONDRA F. Evaporation model for interfacial flows based on a continuum-field representation of the source terms[J]. Journal of Computational Physics,2008,227(11): 5871-5895.

[167] KHARANGATE C R, LEE H, MUDAWAR I. Computational modeling of turbulent evaporating falling films[J]. International Journal of Heat and Mass Transfer,2015,81: 52-62.

[168] MAGNINI M, PULVIRENTI B, THOME J R. Numerical investigation of hydrodynamics and heat transfer of elongated bubbles during flow boiling in a microchannel[J]. International Journal of Heat and Mass Transfer,2013,59: 451-471.

[169] LEE W H. Pressure iteration scheme for two-phase flow modeling[J]. Multiphase Transport Fundamentals,Reactor Safety,Applications,1980: 407-432.

[170] BAHREINI M,RAMIAR A,RANJBAR A A. Numerical simulation of bubble behavior in subcooled flow boiling under velocity and temperature gradient[J]. Nuclear Engineering and Design,2015,293: 238-248.

[171] DE SCHEPPER S C K, HEYNDERICKX G J, MARIN G B. Modeling the evaporation of a hydrocarbon feedstock in the convection section of a steam cracker[J]. Computers & Chemical Engineering,2009,33(1): 122-132.

[172] LIU Z, SUNDEN B, YUAN J. VOF modeling and analysis of filmwise condensation between vertical parallel plates[J]. Heat Transfer Research,2012, 43(1): 47-68.

[173] SAUREL R,LEMETAYER O. A multiphase model for compressible flows with interfaces, shocks, detonation waves and cavitation [J]. Journal of Fluid Mechanics,2001,431: 239.

[174] SAUREL R, PETITPAS F, ABGRALL R. Modelling phase transition in metastable liquids: Application to cavitating and flashing flows[J]. Journal of Fluid Mechanics,2008,607: 313-350.

[175] SAUREL R, PETITPAS F, BERRY R A. Simple and efficient relaxation methods for interfaces separating compressible fluids, cavitating flows and shocks in multiphase mixtures[J]. Journal of Computational Physics,2009,228 (5): 1678-1712.

[176] HAN E,HANTKE M,MÜLLER S. Efficient and robust relaxation procedures for multi-component mixtures including phase transition [J]. Journal of Computational Physics,2017,338: 217-239.

[177] MATHIS H. A thermodynamically consistent model of a liquid-vapor fluid with a gas[J]. ESAIM: Mathematical Modelling and Numerical Analysis, 2019, 53 (1): 63-84.

[178] ZHUAN R, WANG W. Simulation on nucleate boiling in micro-channel[J]. International Journal of Heat and Mass Transfer,2010,53(1-3): 502-512.

[179] PETROVIC S,ROBINSON T,JUDD R L. Marangoni heat transfer in subcooled nucleate pool boiling[J]. International Journal of Heat and Mass Transfer,2004, 47(23): 5115-5128.

[180] ARLABOSSE P,TADRIST L,TADRIST H,et al. Experimental analysis of the heat transfer induced by thermocapillary convection around a bubble[J]. Journal of Heat Transfer,2000,122(1): 66-73.

[181] THOME J R,DUPONT V,JACOBI A M. Heat transfer model for evaporation in microchannels. Part I: Presentation of the model[J]. International Journal of Heat and Mass Transfer,2004,47(14-16): 3375-3385.

[182] ZHANG N,CHAO D F. Models for enhanced boiling heat transfer by unusual Marangoni effects under microgravity conditions[J]. International Communications in Heat and Mass Transfer,1999,26(8): 1081-1090.

[183] JEON S S, KIM S J, PARK G C. Numerical study of condensing bubble in subcooled boiling flow using volume of fluid model[J]. Chemical Engineering Science,2011,66(23): 5899-5909.

[184] KIM S J,PARK G C. Interfacial heat transfer of condensing bubble in subcooled boiling flow at low pressure [J]. International Journal of Heat and Mass Transfer,2011,54(13-14): 2962-2974.

[185] ZU Y Q,YAN Y Y,GEDUPUDI S,et al. Confined bubble growth during flow boiling in a mini-/micro-channel of rectangular cross-section part II: Approximate

3-D numerical simulation[J]. International Journal of Thermal Sciences,2011,50 (3): 267-273.

[186] GEDUPUDI S,ZU Y Q,KARAYIANNIS T G, et al. Confined bubble growth during flow boiling in a mini/micro-channel of rectangular cross-section Part I: Experiments and 1-D modelling[J]. International Journal of Thermal Sciences, 2011,50(3): 250-266.

[187] ZHANG Y,FAGHRI A,SHAFII M B. Capillary blocking in forced convective condensation in horizontal miniature channels[J]. Journal of Heat Transfer, 2001,123(3): 501-511.

[188] DEBENEDETTI P G. Metastable liquids: Concepts and principles [M]. Princeton: Princeton University Press,1996.

[189] HERBERT E,CAUPIN F. The limit of metastability of water under tension: Theories and experiments[J]. Journal of Physics: Condensed Matter, 2005, 17(45): S3597.

[190] HERBERT E, BALIBAR S, CAUPIN F. Cavitation pressure in water[J]. Physical Review E,2006,74(4): 041603.

[191] CAUPIN F,HERBERT E. Cavitation in water: A review[J]. Comptes Rendus Physique,2006,7(9-10): 1000-1017.

[192] FISHER J C. The fracture of liquids[J]. Journal of Applied Physics,1948,19 (11): 1062-1067.

[193] PETTERSEN M S,BALIBAR S, MARIS H J. Experimental investigation of cavitation in superfluid He 4[J]. Physical Review B,1994,49(17): 12062.

[194] CAUPIN F. Liquid-vapor interface,cavitation,and the phase diagram of water [J]. Physical Review E,2005,71(5): 051605.

[195] YAMADA M, MOSSA S, STANLEY H E, et al. Interplay between time-temperature transformation and the liquid-liquid phase transition in water[J]. Physical Review Letters,2002,88(19): 195701.

[196] VOLMER M. Über Keimbildung und Keimwirkung als spezialfälle der heterogenen Katalyse [J]. Zeitschrift für Elektrochemie und Angewandte Physikalische Chemie,1929,35(9): 555-561.

[197] THOMAS O C,CAVICCHI R E,TARLOV M J. Effect of surface wettability on fast transient microboiling behavior[J]. Langmuir,2003,19(15): 6168-6177.

[198] SAUREL R, ABGRALL R. A multiphase Godunov method for compressible multifluid and multiphase flows[J]. Journal of Computational Physics,1999,150 (2): 425-467.

[199] BAER M R,NUNZIATO J W. A two-phase mixture theory for the deflagration-to-detonation transition (DDT) in reactive granular materials[J]. International Journal of Multiphase Flow,1986,12(6): 861-889.

[200] SAUREL R,GAVRILYUK S,RENAUD F. A multiphase model with internal degrees of freedom: Application to shock-bubble interaction[J]. Journal of Fluid Mechanics,2003,495: 283-321.

[201] COQUEL F,GALLOUËT T,HÉRARD J M,et al. Closure laws for a two-fluid two-pressure model [J]. Comptes Rendus Mathematique, 2002, 334 (10): 927-932.

[202] ANDRIANOV N. Analytical and numerical investigation of two-phase flows [D]. Magdeburg: Otto-von-Guericke-Universität Magdeburg,2003.

[203] MURRONE A,GUILLARD H. A five equation reduced model for compressible two phase flow problems[J]. Journal of Computational Physics,2005,202(2): 664-698.

[204] ISHII M, MISHIMA K. Two-fluid model and hydrodynamic constitutive relations[J]. Nuclear Engineering and Design,1984,82(2-3): 107-126.

[205] ISHII M,ZUBER N. Drag coefficient and relative velocity in bubbly,droplet or particulate flows[J]. AIChE Journal,1979,25(5): 843-855.

[206] KAPILA A K,MENIKOFF R,BDZIL J B,et al. Two-Phase Modeling of DDT in Granular Materials: Reduced Equations[R]. Technical Report,LA-UR-99-3329, Los Alamos National Laboratory,2000.

[207] WOOD A B, LINDSAY R B. A textbook of sound[J]. Physics Today, 1956, 9(11): 37.

[208] SAUREL R, LE METAYER O, MASSONI J, et al. Shock jump relations for multiphase mixtures with stiff mechanical relaxation[J]. Shock Waves, 2007, 16(3): 209-232.

[209] PERIGAUD G,SAUREL R. A compressible flow model with capillary effects [J]. Journal of Computational Physics,2005,209(1): 139-178.

[210] ALLAIRE G,CLERC S,KOKH S. A five-equation model for the simulation of interfaces between compressible fluids[J]. Journal of Computational Physics, 2002,181(2): 577-616.

[211] JOHNSEN E,COLONIUS T. Implementation of WENO schemes in compressible multicomponent flow problems[J]. Journal of Computational Physics,2006,219 (2): 715-732.

[212] CORALIC V, COLONIUS T. Finite-volume WENO scheme for viscous compressible multicomponent flows[J]. Journal of Computational Physics,2014, 274: 95-121.

[213] TITAREV V A, TORO E F. Finite-volume WENO schemes for three-dimensional conservation laws [J]. Journal of Computational Physics, 2004, 201(1): 238-260.

[214] WANG B,XIANG G,HU X Y. An incremental-stencil WENO reconstruction

for simulation of compressible two-phase flows[J]. International Journal of Multiphase Flow,2018,104: 20-31.

[215] EINFELDT B,MUNZ C D,ROE P L,et al. On Godunov-type methods near low densities[J]. Journal of Computational Physics,1991,92(2): 273-295.

[216] BATTEN P,CLARKE N,LAMBERT C,et al. On the choice of wavespeeds for the HLLC Riemann solver[J]. SIAM Journal on Scientific Computing,1997,18 (6): 1553-1570.

[217] GOTTLIEB S,SHU C W. Total variation diminishing Runge-Kutta schemes [J]. Mathematics of Computation,1998,67(221): 73-85.

[218] WU W,XIANG G,WANG B. On high-speed impingement of cylindrical droplets upon solid wall considering cavitation effects[J]. Journal of Fluid Mechanics, 2018,857: 851-877.

[219] 吴汪霞,项高明,王兵.高速撞壁液滴空化演化过程的数值模拟[J].工程热物理学报,2018,39(11): 100-103.

[220] ZEIN A,HANTKE M,WARNECKE G. Modeling phase transition for compressible two-phase flows applied to metastable liquids[J]. Journal of Computational Physics,2010,229(8): 2964-2998.

[221] ZEIN A,HANTKE M,WARNECKE G. On the modeling and simulation of a laser-induced cavitation bubble[J]. International Journal for Numerical Methods in Fluids,2013,73(2): 172-203.

[222] LIU X D, OSHER S. Convex ENO high order multi-dimensional schemes without field by field decomposition or staggered grids[J]. Journal of Computational Physics,1998,142(2): 304-330.

[223] ZEIN A. Numerical methods for multiphase mixture conservation laws with phase transition[D]. Magdeburg: Otto-von-Guericke-Universität Magdeburg,2010.

[224] HAN E,HANTKE M,MÜLLER S. Modeling of multi-component flows with phase transition and application to collapsing bubbles[J]. IGPM Preprint. 2014: 409.

[225] WU W,WANG B,XIANG G. Impingement of high-speed cylindrical droplets embedded with an air/vapour cavity on a rigid wall: Numerical analysis[J]. Journal of Fluid Mechanics,2019,864: 1058-1087.

[226] QUINTO-SU P A, LIM K Y, OHL C D. Cavitation bubble dynamics in microfluidic gaps of variable height[J]. Physical Review E,2009,80(4): 047301.

[227] RAYLEIGH L. On the pressure developed in a liquid during the collapse of a spherical cavity[J]. Philosophical Magazine Series,1917,34(200): 94-98.

[228] FRANC J P,MICHEL J M. Fundamentals of cavitation[M]. Berlin: Springer Science & Business Media,2006.

[229] BRENNEN C E. Cavitation and bubble dynamics[M]. Cambridgeshire: Cambridge

University Press,2014.

[230] LOHSE D,BERGMANN R,MIKKELSEN R,et al. Impact on soft sand: Void collapse and jet formation[J]. Physical Review Letters,2004,93(19): 198003.

[231] QUINTO-SU P A,OHL C D. Interaction between two laser-induced cavitation bubbles in a quasi-two-dimensional geometry[J]. Journal of Fluid Mechanics, 2009,633: 425.

[232] ILINSKII Y A,ZABOLOTSKAYA E A,HAY T A,et al. Models of cylindrical bubble pulsation[J]. The Journal of the Acoustical Society of America,2012, 132(3): 1346-1357.

[233] THOMPSON K W. Time dependent boundary conditions for hyperbolic systems [J]. Journal of Computational Physics,1987,68(1): 1-24.

[234] SHEERAN P S, DAGHIGHI Y, YOO K, et al. Image-guided ultrasound characterization of volatile sub-micron phase-shift droplets in the 20-40 MHz frequency range[J]. Ultrasound in Medicine & Biology,2016,42(3): 795-807.

[235] RAPOPORT N. Drug-loaded perfluorocarbon nanodroplets for ultrasound-mediated drug delivery[J]. Therapeutic Ultrasound,2016: 221-241.

[236] JOHNSEN E,COLONIUS T. Numerical simulations of non-spherical bubble collapse[J]. Journal of Fluid Mechanics,2009,629: 231.

[237] THOMPSON P A,BEAVERS G S. Compressible-fluid dynamics[J]. Journal of Applied Mechanics,1972,39(2): 366.

[238] BALL G J,HOWELL B P,LEIGHTON T G,et al. Shock-induced collapse of a cylindrical air cavity in water: A free-Lagrange simulation[J]. Shock Waves, 2000,10(4): 265-276.

[239] BETNEY M R,TULLY B,HAWKER N A,et al. Computational modelling of the interaction of shock waves with multiple gas-filled bubbles in a liquid[J]. Physics of Fluids,2015,27(3): 036101.

[240] HAWKER N A,VENTIKOS Y. Interaction of a strong shockwave with a gas bubble in a liquid medium: A numerical study[J]. Journal of Fluid Mechanics, 2012,701: 59.

[241] MITTAL R,IACCARINO G. Immersed boundary methods[J]. Annual Review of Fluid Mechanics,2005,37: 239-261.

在学期间发表的学术论文与研究成果

发表的学术论文与研究成果

[1] WU W,XIANG G,WANG B. On high-speed impingement of cylindrical droplets upon solid wall considering cavitation effects[J]. Journal of Fluid Mechanics,2018, 857: 851-877.(SCI 收录,检索号: 000448810800002)

[2] WU W,WANG B,XIANG G. Impingement of high-speed cylindrical droplets embedded with an air/vapour cavity on a rigid wall: Numerical analysis[J]. Journal of Fluid Mechanics,2019,864: 1058-1087.(SCI 收录,检索号: 000459715800001)

[3] WU W, LIU Q, WANG B. Curved surface effect on high-speed droplet impingement[J]. Journal of Fluid Mechanics, 2021, 909. (SCI 收录, 检索号: 000600600500001)

[4] 吴汪霞,项高明,王兵.高速撞壁液滴空化演化过程的数值模拟[J].工程热物理学报,2018,39(11): 100-103.(EI 收录,检索号: 20190106334833)

[5] WU W,WANG B,ZHANG W. A Six-equation Two-phase Model in WENO Scheme for Phase Transformation Fronts[C]//9th International Conference on Multiphase Flow,2016,Firenze,Italy.

[6] WU W,WANG B. Impaction of a High-speed Droplet Embedded with Decentered Air Cavity [C]//18th U. S. National Congress of Theoretical and Applied Mechanics,2018,Chicago,USA.

[7] WU W,WANG B,GAO Z. Numerical study of cavitation evolution procedure of perfluorocarbon droplets triggered by expansion waves generated in high-speed impingement[C]//10th International Conference on Multiphase Flow,2019,Rio de Janeiro,Brazil.

[8] 吴汪霞,项高明,王兵.高速撞壁机制下引起的液滴内部空化演化过程数值模拟[C]//中国工程热物理学会多相流学术会议,2017,中国,扬州,176301.

致　谢

本书是在导师王兵教授和周伟江研究员的耐心指导和悉心关怀下完成的。在论文结束之际，我想借此机会感谢帮助过我、支持过我的人。

首先感谢导师王兵教授。王兵教授对科研前沿与热点具有敏锐的洞察力。五年来，从研究入门、论文选题、研究工作开展、论文撰写到反复修改，每一个环节都凝聚着王兵教授的大量心血，论文工作得以顺利完成更离不开王兵教授的时时鞭策与启迪。王兵教授开阔敏锐的学术思维、高瞻远瞩的视野格局、废寝忘食的工作精神、亲切真诚的为人品格，也让我受益匪浅。值此论文完稿之际，对王兵教授表示衷心感谢。

感谢联合导师周伟江研究员对我研究工作的指导、对我生活的关心与帮助。

感谢张会强教授和郭印诚副教授对我的指导与帮助。

感谢喷雾燃烧与推进实验室任兆欣、谢峤峰、刘海旭、陈钱、张民楷、覃建秀、张帆、张文斌、张培玉、卢梦、杨洋、陈俊屹、郭建佳等诸位的指点和帮助，祝工作顺利！感谢计自飞、高德昆、危伟、项高明、张博、饶珠明、何伟、汲世祥、闻浩诚、李天琦、高瞻、姜冠宇、胡山、何硕、穆罕默德等全体实验室同学的帮助和鼓励，祝学习和科研顺利！

感谢父母的养育与支持，感谢婆母、丈夫的鼓励与支持，感谢女儿的理解与支持。

本课题承蒙国家自然科学基金（No.12002039，No.51676111）、中国博士后科学基金（No.2021T140056，No.2020M670145）、化学工程联合国家重点实验室开放课题（SKL-ChE-16A02）资助，特此致谢。

吴汪霞

2022 年 3 月